国家"双高计划"水利水电建筑工程专业群系列教材

建筑构造与识图

主　编　杨建国

副主编　祝冰青　许丛蓉　叶　琳

电子课件
（仅限教师）

华中科技大学出版社
http://press.hust.edu.cn
中国·武汉

图书在版编目(CIP)数据

建筑构造与识图/杨建国主编.—武汉:华中科技大学出版社,2023.8(2024.1重印)
ISBN 978-7-5680-9959-2

Ⅰ.①建…　Ⅱ.①杨…　Ⅲ.①建筑构造-高等职业教育-教材　②建筑制图-识别-高等职业教育-教材
Ⅳ.①TU22　②TU204

中国国家版本馆 CIP 数据核字(2023)第 164227 号

建筑构造与识图
Jianzhu Gouzao yu Shitu

杨建国　主编

策划编辑:康　序
责任编辑:黄嘉欣
封面设计:孢　子
责任监印:朱　玢

出版发行:华中科技大学出版社(中国·武汉)　　电话:(027)81321913
　　　　　武汉市东湖新技术开发区华工科技园　　邮编:430223
录　　排:武汉正风天下文化发展有限公司
印　　刷:武汉科源印刷设计有限公司
开　　本:787mm×1092mm　1/16
印　　张:14
字　　数:350千字
版　　次:2024 年 1 月第 1 版第 2 次印刷
定　　价:45.00 元

本书是根据"双高计划"要求,为建筑工程专业群编写的配套教材,以引领新时代职业教育高质量发展。

"建筑构造与识图"是建筑工程技术类专业的主要专业课,该课程的特点是理论教学与生产实际联系密切。本书在编写时,采用新材料、新规范、新工艺、新技术等相关内容。

全书内容包含 10 个学习项目,主要内容包括建筑构造绪论、民用建筑构造概述、基础与地下室、墙体、楼地层、屋顶、楼梯与电梯、门窗、变形缝和建筑施工图,学习项目后面有复习思考题。本书内容可按照 84 个学时安排教学。

本书学习项目 1、学习项目 2、学习项目 6、学习项目 7 由杨建国(安徽水利水电职业技术学院建筑工程学院)编写;学习项目 3 由祝冰青(安徽水利水电职业技术学院建筑工程学院)编写;学习项目 9、学习项目 10 由许丛蓉(安徽水安建设集团股份有限公司综合设计院)编写;学习项目 4、学习项目 5、学习项目 8 由叶琳(安徽水利水电职业技术学院建筑工程学院)编写。全书由杨建国统稿。

为了方便教师教学,本书还配有电子课件等资料,任课教师可以发邮件至 husttujian@163.com 索取。

由于编写人员编写能力和学识水平所限,书中难免有不足和错误之处,恳望读者指正。编者在编写过程中参考并引用了大量资料和文献,在此一并向原作者致以谢意。

《建筑构造与识图》编写组
2023 年 7 月

目录 Contents

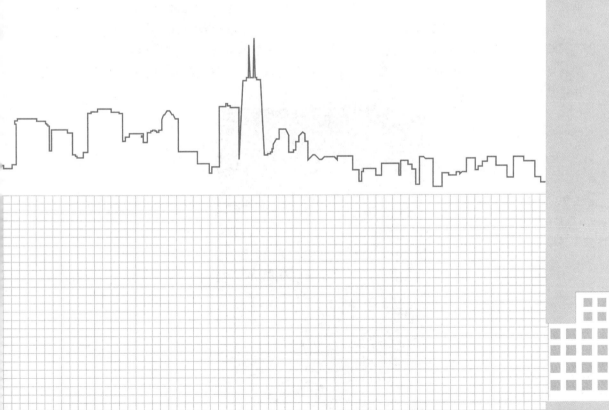

学习项目 1

建筑构造绪论

掌握建筑的构成要素;熟悉建筑的分类;了解建筑的等级、使用年限、耐火等级划分;了解建筑的发展历程。

建筑构造绪论　　　　　建筑构造与识图介绍

国内外特色建筑集锦

1. 迪拜哈利法塔

哈利法塔原名迪拜塔,又称迪拜大厦或比斯迪拜塔。哈利法塔高 828 米,楼层总数 162 层,造价 15 亿美元。哈利法塔共使用 33 万立方米混凝土、6.2 万吨强化钢筋、14.2 万平方米玻璃。迪拜政府为了修建哈利法塔,共调用了大约 4000 名工人和 100 台起重机,把混凝土垂直泵送到逾 606 米的地方,打破上海环球金融中心大厦建造时的 492 米纪录。大厦内设有 56 部升降机,速度最高达 17.4 米/秒,另外还有双层的观光升降机,每次最多可载 42 人。

哈利法塔于 2004 年开建,2010 年 1 月 4 日竣工,迪拜酋长穆罕默德·本·拉希德·阿勒马克图姆揭开被称为"世界第一高楼"的迪拜塔纪念碑上的帷幕,宣告这座建筑正式落成,并将其更名为哈利法塔。

哈利法塔

2.上海"三塔"建筑

（1）上海中心大厦位于上海市陆家嘴金融贸易区银城中路501号，是上海市的一座巨型高层地标式摩天大楼，为中国第一高楼、世界第二高楼，始建于2008年11月29日，于2016年3月12日完成建筑总体的施工工作。

上海中心大厦集办公、住宿、商业、观光等功能于一体；主楼为地上127层，建筑高度632米，地下室有5层；裙楼共7层，其中地上5层，地下2层，建筑高度为38米；总建筑面积约为57.8万平方米，其中地上总面积约41万平方米，地下总面积约16.8万平方米，占地面积30 368平方米。

（2）上海环球金融中心位于上海市浦东新区世纪大道100号，为地处陆家嘴金融贸易区的一栋摩天大楼，东临浦东新区腹地，西眺浦西及黄浦江，南向浦东张杨路商业贸易区，北临陆家嘴中心绿地。

上海环球金融中心占地面积14 400平方米，总建筑面积381 600平方米，拥有地上101层、地下3层，楼高492米，外观为正方形柱体。裙楼为地上4层，高度约为15.8米。

（3）上海金茂大厦位于上海市浦东新区世纪大道88号，地处陆家嘴金融贸易区中心，东临浦东新区，西眺上海市及黄浦江，南向浦东张杨路商业贸易区，北临10万平方米的中央绿地。

上海金茂大厦占地面积2.4万平方米，总建筑面积29万平方米，其中主楼88层，高度420.5米，约有20万平方米，建筑外观属塔形建筑。裙楼共6层，地下3层。

上海"三塔"建筑

3.台北101大楼

台北101大楼前名台北国际金融中心（Taipei Financial Center），又名台北101、台北金融大楼，位于台湾台北市信义区金融贸易区中心，其东临信义广场，北依信义21号公园，西近富士洋行，南靠台北捷运信义线。

　　台北 101 大楼占地面积 30 277 平方米,其中包含一座 101 层的办公塔楼及 6 层的商业裙楼和 5 层地下楼面,每 8 层楼为 1 个结构单元,彼此接续、层层相叠,构筑整体,建筑面积 39.8 万平方米。

台北 101 大楼

4. 国家大剧院

　　国家大剧院是新"北京十六景"之一的地标性建筑,位于北京市天安门广场西侧,由主体建筑及南北两侧的水下长廊、地下停车场、人工湖、绿地等组成。

　　国家大剧院由法国建筑师保罗·安德鲁主持设计,国家大剧院外观呈半椭球形,东西方向长轴长度为 212.20 米,南北方向短轴长度为 143.64 米,建筑物高度为 46.285 米,占地 11.89 万平方米,总建筑面积 16.5 万平方米,其中主体建筑面积约 10.5 万平方米,地下附属设施面积约 6 万平方米,总造价 30.67 亿元,2001 年 12 月开工建设,2007 年 9 月基本竣工。

国家大剧院

5.国家体育场(鸟巢)

国家体育场(鸟巢),位于北京奥林匹克公园中心区南部,为2008年北京奥运会的主体育场,占地面积约20.4万平方米,建筑面积约25.8万平方米,可容纳观众9.1万人。奥运会、残奥会开、闭幕式,田径比赛及足球比赛决赛在此处举行。奥运会后,这里成为北京市民参与体育活动及享受体育娱乐的大型专业场所,并成为地标性的体育建筑和奥运遗产。

国家体育场于2003年12月24日开工建设,2008年3月完工,总造价22.67亿元。作为国家标志性建筑、2008年奥运会主体育场,国家体育场结构特点十分显著。国家体育场为特级体育建筑、大型体育场馆,主体结构设计使用年限为100年,耐火等级为一级,抗震设防烈度为8度,地下工程防水等级为1级。

国家体育场

6.深圳腾讯大厦

腾讯大厦位于深圳市南山区高新科技园北区,深南大道北侧,其于2009年8月24日正式落成,是腾讯第一座自建写字楼。其楼体总高193米,地上39层,地下3层,建筑总面积88 180.38平方米,办公面积69 796.76平方米,是造型新颖、内部功能齐全、人文环境领先的超高层建筑,成为深圳特区闻名全国的新地标。

腾讯大厦

7. 渡江战役纪念馆

渡江战役纪念馆位于安徽省合肥市包河区云谷路 299 号，2012 年 11 月 28 日正式免费对外开放。

渡江战役纪念馆规划用地面积约 22 万平方米，主馆建筑面积 1.7 万平方米；展厅面积 7000 平方米。渡江战役纪念馆主体建筑体现的是水与战舰的主题，馆内陈列有《渡江战役展览》、室内艺术群雕"胜利之师"；渡江战役纪念馆展出文物 956 件，其中一级文物 11 件（8 套）、二级文物 38 件（21 套）。

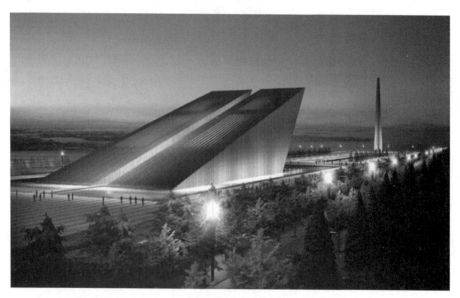

渡江战役纪念馆

8. 国家速滑馆

国家速滑馆又称为"冰丝带"，位于北京市朝阳区林萃路 2 号，是 2022 年北京冬奥会北京主赛区标志性场馆、唯一新建的冰上竞赛场馆。

"冰丝带"的设计理念来自一个冰和速度结合的创意，22 条丝带就像运动员滑过的痕迹，象征速度和激情。国家速滑馆拥有亚洲最大的全冰面设计，冰面面积达 1.2 万平方米。可接待超过 2000 人同时开展冰球、速度滑冰、花样滑冰、冰壶等冰上运动。

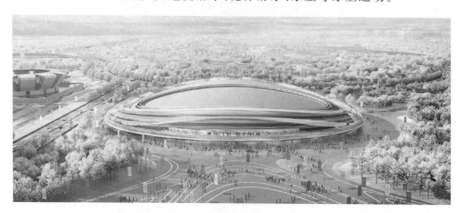

国家速滑馆

1.1　建筑构造概述

1.1.1　建筑的定义

建筑是人类为了满足日常生活和社会活动而创造的空间环境,是建筑物和构筑物的总称。人们能在其中进行生产、生活或进行其他活动的空间称为建筑物,例如:住宅、教学楼、体育馆、办公楼、商场、火车站、生产车间等(见图1-1至图1-3)。人们不能在其中进行生产、生活或进行其他活动,只能间接提供给人们使用的建筑称为构筑物,例如:水塔、电视转播塔、烟囱等。(见图1-4至图1-6)

建筑构造概述

图1-1　高层住宅

图1-2　高铁站

图1-3　商业、办公建筑

图 1-4 水塔

图 1-5 烟囱

图 1-6 景观构筑物

1.1.2 研究内容

　　建筑构造与识图课程主要研究建筑的构造组成、构造原理和构造方法,研究对象是建筑物。构造组成研究的是房屋的各个组成部分及其作用;构造原理研究的是房屋各个组成部分的要求及构造原理;构造方法研究的是在构造原理的指导下,用建筑材料和建筑制品制成构件和配件,以及构、配件之间的连接方法。

1.1.3　课程任务

建筑构造与识图课程的任务如下。

(1)掌握房屋构造的基本理论,了解房屋各个部分的组成、功能要求。

(2)根据房屋的功能、自然环境因素,建筑材料及施工技术的实际情况,选择合理的构造方案。

(3)熟练地识读一般民用建筑施工图纸,有效地处理建筑中的构造问题,合理地组织和指导施工,以满足设计要求。

(4)能按照设计意图绘制一般的建筑构造图。

建筑构造与识图课程是一门综合性、实践性较强的课程,学习时应注意掌握以下方法。

(1)掌握构造规律:从简单的、常见的具体构造入手,逐步掌握建筑构造原理和方法的一般规律。

(2)理论联系实际:观察、学习已建或在建工程的建筑构造,了解建筑构造和施工过程,检验所学的构造知识。

(3)学习查阅资料:注意收集、阅读有关的科技文献和资料,了解建筑构造方面的新工艺、新技术和新材料。

1.2　建筑的基本要素

建筑的基本要素包括建筑功能、建筑技术和建筑形象。

1.2.1　建筑功能

建筑功能是建筑的第一基本要素。建筑功能是人们建造房屋的具体目的和使用要求的综合体现,人们建造房屋主要是满足生产、生活的要求,同时也充分考虑整个社会的其他需求。任何建筑都有其使用功能,但由于各类建筑的具体目的和使用要求不尽相同,因此就产生了不同类型的建筑。如工厂是为满足工业生产要求的,住宅是为满足人们居住要求的,娱乐场所是为丰富人们的文化、精神生活要求的。建筑功能往往会对建筑的结构形式、平面布局、建筑体型等产生直接影响。建筑功能也不是一成不变的,它将随着社会的发展和人们物质文化水平的不断提高而变化。

1.2.2　建筑技术

建筑技术是建造房屋的手段,包括建筑材料、建筑结构、施工技术和建筑设备等方面内容。随着材料技术的不断发展,各种新型材料不断涌现,为建造各种不同结构形式的房屋提供了物质保障;随着建筑结构计算理论的发展和计算机辅助设计的应用,建筑结构技术不断革新,为房屋建造的安全性提供了保障;各种高性能的建筑施工机械、新的施工技术和工艺为房屋建造提供了新手段;建筑设备的发展为建筑满足各种使用要求创造了条件。随着建筑技术的不断发展,高强度建筑材料的产生、结构设计理论的成熟和更新、设计手段的更新、建筑内部垂直交通设备的应用等,有效地促进了建筑朝大空间、大高度、新结构形式的方向发展。

1.2.3　建筑形象

　　建筑形象是建筑内外感观的具体体现,必须符合美学的一般规律,以优美的艺术形象给人以精神上的享受,它包含建筑的体型和立面,材料的色彩和质感,空间、线条及细部的处理等方面。由于时代、民族、地域、文化的不同,人们对建筑形象的理解各有不同,因此成功的建筑应当反映时代特征、民族特点、地方特色和文化色彩等,有一定的文化底蕴。如执法机构所在的建筑庄严雄伟、学校建筑朴素大方、居住建筑简洁明快、娱乐性建筑生动活泼等。(见图 1-7、图 1-8)

　　综上,建筑功能起到了主导作用,反映了建筑的目的;建筑技术是建造的手段和方法;建筑形象是建筑功能和建筑技术的综合体现。

图 1-7　上海三塔建筑

图 1-8　合肥政务中心

1.3　建筑的分类

建筑可以按不同条件进行分类,常见的主要有以下四种分类方式。

1.3.1　按使用功能分类

建筑按使用功能不同可分为民用建筑、工业建筑和农业建筑。

1. 民用建筑

民用建筑又分为居住建筑和公共建筑。

(1)居住建筑是供人们生活起居用的建筑物,包括住宅、公寓、宿舍等。

(2)公共建筑是供人们进行社会活动的建筑物。如:

① 行政办公建筑,如各类办公楼、写字楼等。

② 文教科研建筑,如教学楼、图书馆、实验室、幼儿园等。

③ 医疗福利建筑,如医院、疗养院、养老院等。

④ 旅馆建筑,如宾馆、招待所、旅馆等。

⑤ 商业建筑,如商店、餐馆、食品店等。

⑥ 体育建筑,如体育馆、训练馆等。

⑦ 交通建筑,如火车站、客运站等。

⑧ 邮电通信建筑,如电视台演播厅等。

⑨ 展览建筑,如展览馆、文化馆、博物馆等。

⑩ 文艺观演建筑,如电影院、音乐厅、剧院等。

许多公共建筑可能同时具备上述两种或两种以上的功能,这类建筑称为综合性建筑。

2. 工业建筑

工业建筑是供人们进行工业生产的建筑,包括生产用建筑及生产辅助用建筑,如动力配备间、机修车间、锅炉房、车库、仓库等。

3. 农业建筑

农业建筑是供人们进行农牧业种植、养殖、贮存等用途的建筑,以及农业机械用的建筑,如种植用的温室大棚、鱼塘、粮仓等。

1.3.2　按层数或总高度分类

建筑层数是房屋建筑的一项非常重要的控制指标,但必须结合建筑总高度综合考虑,根据《全国民用建筑工程设计技术措施》(2009年版),具体分类见表1-1。

表 1-1　民用建筑按地上层数或总高度分类表

建筑类别	名称	层数或高度	备注
住宅建筑	低层住宅	1～3 层	包括首层设置商业服务网点的住宅
	多层住宅	4～6 层	
	中高层住宅	7～9 层	
	高层住宅	10 层及 10 层以上	
	超高层住宅	＞100 m	
公共建筑	单层和多层建筑	≤24 m	不包括建筑高度大于 24 m 的单层公共建筑
	高层建筑	＞24 m	
	超高层建筑	＞100 m	

1.3.3　按承重结构形式分类

建筑的承重结构,即建筑的承重体系,是支撑建筑、围护建筑安全及建筑抗风、抗震的骨架。一般有木结构、混合结构、钢筋混凝土结构、钢结构四大类。

1. 木结构

木结构是指由木材或主要由木材承受荷载的结构,木结构具有自重轻、构造简单、施工方便等特点,但木材有易腐蚀、耐久性差、易燃等缺陷。(见图 1-9、图 1-10)

图 1-9　山西应县木塔

图 1-10　皖南民居

2. 混合结构

混合结构是指建筑物中竖向承重结构的墙、柱等采用砌块砌筑,水平方向由钢筋混凝土楼板、梁作为承重构件。(见图 1-11)

图 1-11　混合结构建筑

3. 钢筋混凝土结构

钢筋混凝土结构是指由钢筋和混凝土两种材料结合成整体共同受力的结构形式,有框架结构、框架-剪力墙结构、剪力墙结构、筒体结构等。钢筋混凝土结构具有整体性好、抗震性能好、耐火性好、可塑性好等优点,但也有施工工序多、周期长、自重大、易开裂等缺点。

（见图 1-12 至图 1-13）

4．钢结构

钢结构是指以型钢等钢材作为建筑承重骨架的建筑，具有自重轻、强度高、抗震性能好等特点，适用于工业生产建筑、超高层和大跨度建筑。（见图 1-14）

图 1-12   框架结构建筑

图 1-13   框架-剪力墙结构建筑

图 1-14   钢结构建筑

1.3.4   按建筑规模和建造数量分类

民用建筑还可以根据建筑规模和建造数量的差异进行分类。

1. 大型性建筑

大型性建筑是指建造数量少、单体面积大、"个性强"的建筑，如机场候机楼、高铁站、大型综合体等。（见图 1-15、图 1-16）

图 1-15　国家大剧院

图 1-16　鸟巢

2. 大量性建筑

大量性建筑是指建造数量多、相似性大的建筑，如住宅、中小学校等。

1.4　民用建筑的分级

民用建筑可根据建筑物的工程设计等级、耐久等级和耐火等级来划分等级。

1.4.1　按工程设计等级划分

民用建筑按工程设计等级的不同可划分为特级、一级、二级和三级（见表 1-2），它是基本建设投资和建筑设计的重要依据。

表 1-2　民用建筑工程设计等级分类表

类型	特征	工程等级			
		特级	一级	二级	三级
一般公共建筑	单体建筑面积	>80 000 m²	≥20 000 m² ≤80 000 m²	≥5000 m² ≤20 000 m²	≤5000 m²
	立项投资	>20 000 万元	>4000 万元 ≤20 000 万元	>1000 万元 ≤4000 万元	<1000 万元
	建筑高度	>100 m	>50 m ≤100 m	>24 m ≤50 m	≤24 m(其中混合结构建筑不得超过抗震规范高度限值要求)
住宅、宿舍	层数		20 层以上	12<层数≤20	≤12 层

1.4.2　按耐久等级划分

建筑物使用年限主要是根据建筑物的重要性、规模大小来确定的,在《民用建筑设计统一标准》(GB 50352—2019)中对民用建筑的设计使用年限做了规定,见表1-3。

表 1-3　民用建筑设计使用年限分类表

类别	设计使用年限/年	示例
1	5	临时性建筑
2	25	易于替换结构构件的建筑
3	50	普通建筑和构筑物
4	100	纪念性建筑和特别重要的建筑

1.4.3　按耐火等级划分

建筑物的耐火等级是衡量建筑物耐火程度的标准,《建筑设计防火规范》(2018 年版)根据建筑材料和构件的燃烧性能和耐火极限,把建筑的耐火等级分为四级。

1. 燃烧性能

燃烧性能是指建筑构件在明火或高温作用下,能否燃烧及燃烧的难易程度。建筑构件按材料的燃烧性能把材料分为不燃烧体、难燃烧体和燃烧体三类,见表1-4。

2. 耐火极限

耐火等级取决于房屋的主要构件的耐火极限和燃烧性能,是衡量建筑物耐火程度的标准。耐火极限是指在标准耐火实验条件下,建筑构件、配件或结构从受到火的作用时起,至失去承载能力、完整性或隔热性时所用时间,用小时表示。

《建筑设计防火规范》(2018 年版)规定,民用建筑的耐火等级分为一、二、三、四级。除规范另有规定外,不同耐火等级建筑相应构件的燃烧性能和耐火极限不应低于《建筑设计防火规范》(2018 年版)中表 5.1.2 的规定,其划分方法见表1-5。

表 1-4　建筑材料和构件的燃烧性能

材料分类	定义	举例
不燃烧体	用不燃材料做成的建筑构件	建筑中采用的金属材料和天然或人工的无机矿物质材料均属于不燃烧体,如混凝土、钢材、天然石材等
难燃烧体	用难燃材料做成的建筑构件或用可燃材料做成而用不燃材料做保护层的建筑构件	如沥青混凝土、经过防火处理的木材、用有机物填充的混凝土和水泥刨花板等
燃烧体	用可燃材料做成的建筑构件	如木材等

表 1-5 不同耐火等级建筑相应构件的燃烧性能和耐火极限 单位:h

构件名称		耐火等级			
		一级	二级	三级	四级
墙	防火墙	不燃性 3.00	不燃性 3.00	不燃性 3.00	不燃性 3.00
	承重墙	不燃性 3.00	不燃性 2.50	不燃性 2.00	难燃性 0.50
	非承重墙	不燃性 1.00	不燃性 1.00	不燃性 0.50	可燃性
	楼梯间和前室的墙 电梯井的墙 住宅建筑单元之间的墙和分户墙	不燃性 2.00	不燃性 2.00	不燃性 1.50	难燃性 0.50
	疏散走道两侧的隔墙	不燃性 1.00	不燃性 1.00	不燃性 0.50	难燃性 0.25
	房间隔墙	不燃性 0.75	不燃性 0.50	难燃性 0.50	难燃性 0.25
柱		不燃性 3.00	不燃性 2.50	不燃性 2.00	难燃性 0.50
梁		不燃性 2.00	不燃性 1.50	不燃性 1.00	难燃性 0.50
楼板		不燃性 1.50	不燃性 1.00	不燃性 0.50	可燃性
屋顶承重构件		不燃性 1.50	不燃性 1.00	可燃性 0.50	可燃性
疏散楼梯		不燃性 1.50	不燃性 1.00	不燃性 0.50	可燃性
吊顶(包括吊顶搁栅)		不燃性 0.25	难燃性 0.25	难燃性 0.15	可燃性

1.5 建筑模数

模数是在建筑设计中,为了实现工业化大规模生产,使不同材料、不同形式和不同制造方法的建筑构配件、组合件具有一定的通用性和互换性,统一选定、协调建筑尺度的增值单位。

模数是指选定的尺寸单位,作为尺度协调中的增值单位,也是建筑设计、建筑施工、建筑材料与制品、建筑设备、建筑组合件等各部门进行尺度协调的基础,其目的是使构配件安装吻合,并有互换性。我国建筑设计和施工中,必须遵循《建筑模数协调标准》(GB/T 50002—2013)。

1.5.1 基本模数

基本模数是模数协调中选用的基本尺寸单位,其数值为 100 mm,符号为 M,即 1M＝100 mm。整个建筑物及其一部分或建筑组合构件的模数化尺寸应为基本模数的倍数。

1.5.2 导出模数

由于建筑中需要用模数协调的各部位尺度相差较大,仅仅靠基本模数不能满足尺度的协调要求,因此在基本模数的基础上又发展了相互之间存在内在联系的导出模数,包括扩大模数和分模数。

扩大模数是基本模数的整数倍数。水平扩大模数基数为 2M、3M、6M、9M、12M 等,其相应的尺寸分别是 200 mm、300 mm、600 mm、900 mm、1200 mm 等。主要适用于建筑物的开间或柱距、进深或跨度、构配件尺寸和门窗洞口尺寸。竖向扩大模数基数为 3M、6M,其相应的尺寸分别是 300 mm、600 mm。主要适用于建筑物的高度、层高、门窗洞口尺寸。

分模数是基本模数的分数值。分模数基数为 1/10M、1/5M、1/2M,其相应的尺寸分别是 10 mm、20 mm、50 mm。主要适用于缝隙、构造节点、构配件断面尺寸。

1.5.3　模数数列

模数数列是以基本模数、扩大模数、分模数为基础,扩展成的一系列尺寸。它可以保证不同建筑及其组成部分之间尺度的统一协调,有效减少建筑尺寸的种类,并确保尺寸具有合理的灵活性。模数数列根据建筑空间的具体情况拥有各自的适用范围,建筑物的所有尺寸除特殊情况之外,均应满足模数数列的要求。

根据《建筑模数协调标准》,模数数列应满足以下要求。

(1)模数数列应根据功能性和经济性原则确定。

(2)建筑物的开间或柱距,进深或跨度,梁、板、隔墙和门窗洞口宽度等分部件的截面尺寸宜采用水平基本模数和水平扩大模数数列,且水平扩大模数数列宜采用 2nM、3nM(n 为自然数)。

(3)建筑物的高度、层高和门窗洞口高度等宜采用竖向基本模数和竖向扩大模数数列且竖向扩大模数数列宜采用 nM。

(4)构造节点和分部件的接口尺寸等宜采用分模数数列,且分模数数列宜采用 M/10、M/5、M/2。

复习思考题

一、单项选择题

1.建筑的基本要素包括建筑功能、建筑技术和(　　　)。

A.生产、生活的要求　　　　　　　　　　B.社会其他要求

C.文化、精神生活　　　　　　　　　　　D.建筑形象

2.民用建筑为超高层建筑是指建筑高度(　　　)。

A.不超过 100 m　　　　　　　　　　　　B.超过 50 m

C.不超过 200 m　　　　　　　　　　　　D.超过 100 m

3.我国建筑统一模数中规定的基本模数是(　　　)mm。

A.10　　　　　　　　B.100　　　　　　　　C.300　　　　　　　　D.600

4.对于大多数建筑物来说,(　　)经常起着主导设计的作用。

A.建筑功能　　　　B.建筑技术　　　　C.建筑形象　　　　D.经济

5.建筑按设计使用年限可分为(　　)类

A.三　　　　　　　B.四　　　　　　　C.五　　　　　　　D.六

6.按建筑物主体结构的设计使用年限分类,(　　)为四类建筑物,设计使用年限为100年。

A.特别重要的建筑和纪念性建筑　　　　B.一般性建筑

C.次要建筑物　　　　　　　　　　　　D.临时建筑物

7.根据建筑材料和构件的(　　),把建筑物的耐火等级划分为四级。

A.耐火极限　　　　　　　　　　　　　B.燃烧性能

C.耐火极限＋燃烧性能　　　　　　　　D.耐火极限为100年以上

8.建筑按照使用功能及其属性分类正确的是(　　)。

Ⅰ.居住建筑　　Ⅱ.公共建筑　　Ⅲ.民用建筑　　Ⅳ.工业建筑　　Ⅴ.农业建筑

A.ⅠⅡⅢ　　　　B.ⅡⅢⅣ　　　　C.ⅡⅢⅣ　　　　D.ⅢⅣⅤ

9.下列数字符合建筑模数统一制的要求的是(　　)。

Ⅰ.3000 mm　　Ⅱ.3330 mm　　Ⅲ.50 mm　　Ⅳ.1560 mm

A.ⅠⅡ　　　　　B.ⅠⅢ　　　　　C.ⅡⅢ　　　　　D.ⅠⅣ

10.模数系列主要用于缝隙、构造节点,属于(　　)。

A.基本模数　　　　B.扩大模数　　　　C.分模数　　　　　D.标准模数

11.普通高层建筑中常采用的结构类型是(　　)。

A.砖混结构　　　　B.框架结构　　　　C.木结构　　　　　D.砌体结构

12.在普通高层住宅中应用最多的结构是(　　)。

A.砖混结构　　　　B.钢筋混凝土结构　　C.木结构　　　　　D.砌体结构

二、简答题

1.建筑的含义是什么?建筑的基本构成要素有哪些?

2.建筑基本要素之间的关系。

3.简述建筑的分类及等级划分。

4.什么是耐火等级、耐火极限?

5.什么是建筑模数?

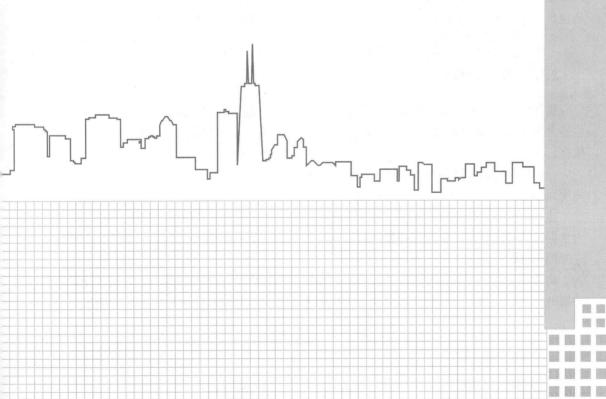

学习项目 2

民用建筑构造概述

　掌握房屋的构造组成部分；了解影响建筑构造的因素及建筑构造设计的原则。

民用建筑构造概述　　　　　民用建筑构造概述微课

2.1　建筑构造研究的对象及其任务

2.1.1　研究对象

建筑构造是研究建筑物各组成部分的构造原理和构造方法的学科，是建筑设计不可分割的一部分。它具有实践性强和综合性强的特点，在内容上是对实践经验的高度概括，并且涉及建筑材料、建筑力学、建筑结构、建筑施工以及建筑经济等有关方面的知识。建筑构造是建筑设计的可靠技术保证，作为一门建筑技术，自始至终贯穿于建筑设计的全过程。

2.1.2　研究任务

建筑构造的主要研究任务是根据建筑物的功能要求，提供符合适用、安全、经济、美观的构造方案，以作为建筑设计中解决相关技术问题及进行施工图设计、绘制节点大样图等的依据。

一幢建筑物是由许许多多部件构成的。通常称墙、柱、梁、楼梯、屋顶等部件为构件，而称屋面、地面、门窗、栏杆及细部装修等部件为配件。

建筑构造原理是综合多方面的技术知识，根据多种客观因素，以选材、选型、工艺、安装为依据，研究各种构件、配件及其细部构造的合理性（包括适用、安全、经济、美观）以及能更有效地满足建筑使用功能的理论。

构造方法则是在理论指导下，进一步研究如何运用各种材料，有机地组合各种构件、配件，并提出解决各构、配件之间相互连接的方法和这些构、配件在使用过程中的各种防范措施。

2.2　民用建筑主要构件及其作用

民用建筑一般是由基础、墙体或柱、楼地层、楼梯、屋顶和门窗等六大构造部分组成，此外还有其他的构配件和设施,如:阳台、雨棚、台阶、坡道、散水、烟道等。房屋的构造组成如图 2-1 所示。

2.2.1　基础

基础是建筑物最下部的承重构件,承担建筑物的全部荷载,并将这些荷载传给地基。基础是建筑物的主要受力构件,且基础埋置于地下,受到地下各种不良因素的侵袭,因此,基础必须具有足够的强度、刚度和耐久性。

2.2.2　墙体(或柱)

墙体是建筑物的承重构件和围护构件。作为承重构件的外墙,其作用是抵御自然界各种因素对室内的侵袭;内墙主要起分隔空间及保证环境舒适的作用。在框架或排架结构的建筑物中,柱起承重作用,墙仅起围护作用。因此,要求墙体具有足够的强度、稳定性、保温、隔热、防水、防火、耐久、经济等性能。

2.2.3　楼地层

楼地层是指楼板层和地坪层。楼板层是沿水平方向的承重构件,承受家具、设备和人体荷载以及本身的自重,并将这些荷载传给墙或柱,同时对墙体起着水平支撑的作用。因此要求楼板层应具有足够的强度、刚度和隔声性能,还应具备足够的防火、防水、防潮性能。

地坪层是底层房间与地基土层相接的构件,起承受底层房间荷载的作用。地坪层要具有一定的强度,且具有一定的防潮、防水能力。

2.2.4　楼梯

楼梯是联系房屋上下各层的垂直交通设施,供人们上下或搬运家具设备上下,还是一个安全疏散通道。故楼梯应具有足够的通行能力和安全疏散能力。大多数多层、高层建筑把电梯、自动扶梯作为垂直交通工具,但楼梯作为安全疏散通道是必不可少的。

2.2.5　屋顶

屋顶是建筑物顶部的围护构件和承重构件。屋顶既能抵抗风、雨、雪、霜、冰雹等的侵袭和太阳辐射的影响,又能承受风、雨、雪荷载及施工、检修、自重等屋顶荷载作用,并将这些荷载传给承重墙或柱。故屋顶应具有足够的强度、刚度及保温、隔热、防水等性能。

2.2.6　门和窗

门和窗均属于非承重构件,也称为配件。门主要供人们出入内外交通和分隔房间之用;窗主要起通风、采光、分隔、眺望等围护作用。处于外墙上的门、窗是围护构件的一部分,要满足热工及防水的要求。某些有特殊要求的房间,门、窗应具有保温、隔声、防火的能力。

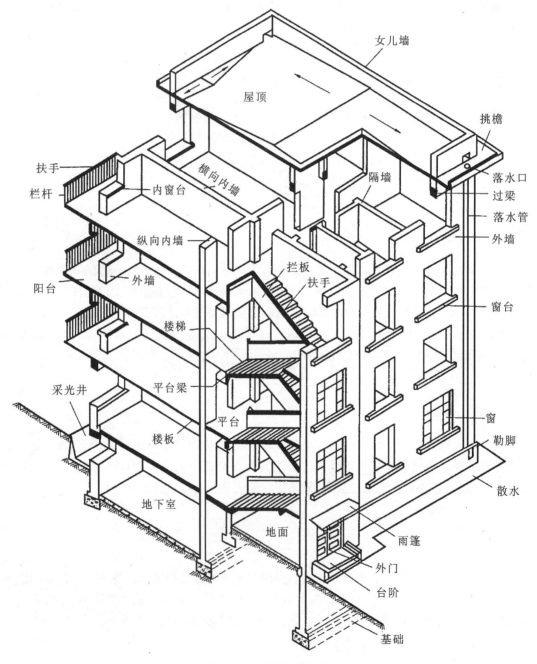

图 2-1　房屋的构造组成

建筑物除上述六大基本构造组成部分外,对于使用功能不同的建筑物而言,还有其他构配件和设施,如:阳台、雨篷、台阶、坡道、散水、烟道等。

2.3 影响构造设计的因素和原则

2.3.1 影响构造设计的因素

　　建筑存在于自然界之中,在使用过程中经受着人为和自然界的各种影响,在进行建筑构造设计时,必须考虑这些因素,采取必要措施,以提高建筑抵御外界影响的能力,提高其使用质量和耐久性,从而满足人们的使用要求。影响建筑构造的因素,归纳起来主要有以下三个方面。

　　1.外界环境的影响

　　外界环境因素包括外界各种自然条件和各种人为的因素,概括为以下几个方面。

　　(1)外力作用的影响方面。

　　作用在建筑物上的各种外力统称为荷载。荷载可分为恒荷载(如结构自重)和活荷载(如人群、家具、风雪及地震荷载)两类。荷载的大小是建筑结构设计的主要依据,也是结构选型及构造设计的重要基础,起着决定构件尺度、用料多少的重要作用。

　　在荷载中,风力是影响高层建筑水平荷载的主要因素,风力随着地面的不同高度而变化。在沿江、沿海地区,风力影响更大,设计时必须遵照有关设计规范执行。

　　地震时,建筑物质量越大,受到的地震力也越大。地基土的纵波使建筑物产生上下颤动;横波使建筑物产生前后或左右的水平方向的晃动。但这三个方向的运动并不同时产生,其中横波的振动往往超过风力的作用,所以地震力产生的横波是建筑物的主要侧向荷载。地震的大小用震级表示,震级的高低是根据地震时释放能量的多少来划分的,释放的能量越多,地震越大,震级也越高。故震级是地震大小的指标。

　　在进行建筑物抗震设计时,是以该地区所定地震烈度为依据,地震烈度是指在地震过程中,地表及建筑物受到影响和破坏的程度。

　　(2)自然环境的影响。

　　建筑物处于自然环境中,受到各种各样自然环境因素的影响,如:太阳辐射、降水、冰冻、大气污染、地下水污染等。要求我们在构造设计时,应该针对建筑物所受到影响的性质与程度,对构配件相关构造部位采取相应的构造措施,如:防潮防水、保温隔热、防腐、设置变形缝等。

　　(3)人为因素的影响。

　　人们在生产、生活、工作等活动中,发生的火灾、爆炸、机械振动、化学腐蚀、噪声等人为因素,会对建筑产生一定的影响。为防止这些影响对建筑造成危害,故在进行建筑构造设计时,必须针对这些影响因素,采取相应的防火、防爆、防振、防腐、隔声等措施,以防止建筑物遭受不应有的损失。

2. 建筑技术条件的影响

建筑物是由各种建筑材料构成的,在建筑的形成过程中,建筑结构、施工技术、建筑设备起着决定性的作用。建筑物所在地区不同,用途不同,对构造设计也有不同技术要求。随着科学技术创新发展,建筑新材料、新工艺、新技术不断涌现,促进了建筑构造技术不断进步,促使建筑可以向大空间、大跨度、大体量的方向发展,从而涌现大量现代建筑。如在钢桁架、钢网架结构的运用下,出现了航站楼、高铁站、体育馆等大空间建筑,同时要求我们在进行建筑构造设计时,要解决好采光、通风、保温、隔热、防噪声等问题,进一步促进建筑设备技术发展。

3. 经济条件的影响

随着建筑技术的不断发展和人们生活水平的日益提高,各类新材料、配套家具设备、家用电器等大量中、高档产品相继出现,人们对建筑的使用要求也越来越高了。相应地促使建筑标准也在不断变化,与建筑构造相关的建筑标准主要有造价标准、建筑装饰标准和建筑设备标准,所以,人们对建筑构造的要求也将随着经济条件的改变而发生着大的变化。

2.3.2　影响构造设计的原则

建筑构造设计应遵循以下几项基本原则。

1. 满足建筑物使用功能要求

由于建筑物所处位置及使用性质不同,因此进行建筑构造设计时必须满足不同的使用功能要求。如:北方寒冷地区要满足建筑物冬季保温的要求;南方炎热地区要满足建筑物通风、隔热的要求;影剧院、报告厅、音乐厅要满足视、听、疏散的要求;卫生间、厨房要满足防潮防水要求等。因此,在进行构造设计时,应提供合理的构造方案,以满足建筑物各项功能的要求。

2. 满足结构安全可靠性要求

建筑设计除保证按结构要求设计出合理的构件尺寸外,在构造设计时,也应考虑构件是否便于施工并保证构件之间的连接可靠。如:对阳台、楼梯、栏杆、门窗与墙体的连接等构造设计,都必须保证建筑构配件在使用过程中安全可靠。

3. 满足建筑工业化的要求

积极采用新材料、新工艺,使用最先进的施工设备和施工技术,充分利用标准设计、标准图集、标准通用构配件,为适应和发展建筑工业化创造条件。

4. 注意建筑形象的要求

建筑形象主要取决于建筑体型和立面处理,建筑细部处理对建筑美观有较大影响。如檐口、女儿墙的形式,阳台、雨棚的造型,窗的材料与形式等,应从形式、材料、颜色、质感等方面进行合理的构造设计,使其符合人们审美观。

5. 满足建筑的经济效益和社会效益

工程建设项目是投资较大的项目,保证建设投资的合理运用是每个设计人员义不容辞的责任,在构造设计方面同样如此。其中牵涉到材料价格、加工和现场施工的进度、人员的投入、有关运输和管理等方面的相关内容。此外,选用材料和技术方案等方面的问题还涉及建筑长期的社会效益,例如安全性能和节能等方面的问题,在设计时应有足够的考虑。

　　总之,在建筑构造设计中,全面考虑是否坚固实用、美观大方、技术先进、经济合理是最根本的原则。

复习思考题

一、简答题

1.建筑物的组成及其作用是什么?

2.影响建筑构造的主要因素有哪些?

3.进行建筑构造设计时应遵循哪些原则?

二、判断题

1.建筑物最下面的部分是基础。(　　)

2.民用建筑通常由地基与基础、墙体或柱、楼地层、楼梯、屋顶、门窗六个主要构造部分组成。(　　)

3.外力作用是确定建筑构造方案时的主要影响因素。(　　)

4.楼板层是建筑沿水平方向的承重构件,并将所承受的荷载传递给竖向承重构件。(　　)

5.大多数高层建筑或大型建筑的竖向交通主要靠电梯、自动扶梯等设备,楼梯在建筑设计中不是很重要。(　　)

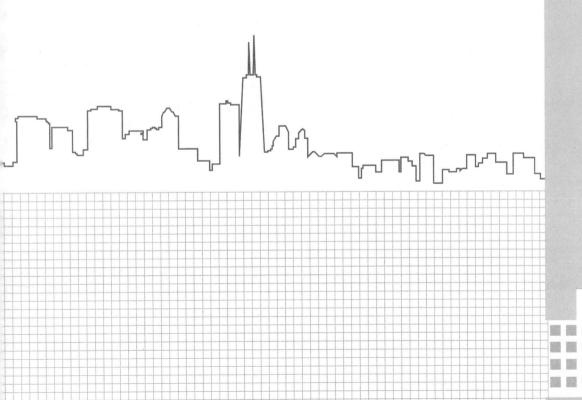

学习项目 3

基础与地下室

掌握地基与基础的概念；了解地基加固的方法；掌握基础的埋置深度及其影响因素；掌握基础的类型；了解地下室的分类、构造组成；熟悉地下室防潮、防水的构造要求及做法。

基础概述

基础与地下室

3.1 基础与地下室概述

3.1.1 地基与基础的关系

基础是建筑物的主要承重构件，是建筑物的墙或柱埋入地下的扩大部分，是建筑物的组成部分，属于隐蔽工程。基础承担着建筑物上部结构传下来的全部荷载，并将这些荷载连同自身重量传递给地基。（见图 3-1）

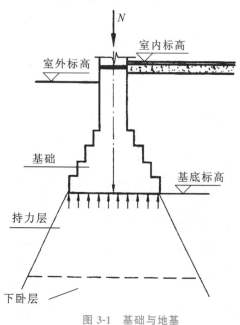

图 3-1　基础与地基

地基不是建筑物的组成部分，是承受由基础传下来的荷载的岩土层。地基每平方米所能承受的最大允许压力，称为地基允许承载力，也叫地耐力，用 f 表示。具有一定承载能力，直接支承基础的土层称为持力层。持力层以下的土层称为下卧层，如图 3-1。如果以 N 表示建筑物基础上部的总荷载，F 表示基础上部总荷载 N 加上基础部分自重，A 表示基础底面积，则可列出如下关系式：

$$A \geqslant F / f$$

从上式可以看出，当地基承载力不变时，建筑总荷载越大，基础底面积也要求越大；当建筑总荷载不变时，地基承载力越小，基础底面积则越大。地基土层在荷载作用下产生的变形，随着土层深度的增加而减少，到了一定的深度则可忽略不计。

3.1.2 地基的分类

地基按土层性质和承载力的不同，可分为天然地基和人工地基两大类。

1. 天然地基

凡天然土层具有足够的承载能力,不需经人工改善或加固,可直接在上面建造房屋的地基称为天然地基(见图 3-2)。一般来说,呈连续整体状的岩层或由岩石风化破碎成松散颗粒的土层可作为天然地基。天然地基根据土质不同可分为岩石、碎石土、砂土、黏性土等四大类。

图 3-2   天然地基

2. 人工地基

当地基的承载力较差或虽然土质较好但上部荷载较大时,为使地基具有足够的承载力,需对土层进行人工加固,这种经人工加固处理的地基称为人工地基(见图 3-3)。地基加固处理的方法有密实法、换土法、化学加固法和打桩法等。

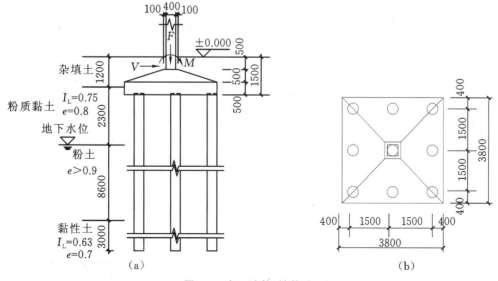

图 3-3   人工地基(桩基础)

3.1.3　地基与基础的设计要求

1. 基础应具有足够的强度和耐久性

基础在建筑物最底部,是建筑物重要组成部分,对建筑物的安全起到根本性作用,因此基础本身应具有足够的强度和刚度来支承和传递整个建筑物的荷载。

基础是埋在地下的隐蔽工程,建成后检查和维修困难,所以在选择基础材料和构造形式时,应考虑其耐久性并与上部结构相适应。

2. 地基应有足够的强度和均匀程度

地基直接支承着整个建筑物,对建筑物的安全使用起保证作用,因此地基应具有足够的强度和均匀程度。建筑物应尽量选择建造在地基承载力较高而且均匀的地段,如岩石、碎石等。

地基土质应均匀,否则基础处理不当会使建筑物发生不均匀沉降,引起墙体开裂,甚至影响建筑物的正常使用。

3. 建筑经济

基础工程造价占建筑总造价的 $10\% \sim 40\%$,因此选择土质好的地段,降低地基处理的费用,可以减少建筑的总投资。需要特殊处理的地基,也要尽量选用地方材料及合理的构造形式。

3.2　基础的埋置深度及其影响因素

3.2.1　基础的埋置深度

基础的埋置深度是指室外设计地面至基础底面的垂直距离,简称基础埋深,如图 3-4 所示。基础埋置深度大于等于 5 m 的称为深基础;小于 5 m 的称为浅基础。在保证安全的前提下,应优先选用浅基础,可降低工程造价。但基础埋深也不宜过小,在地基受到地耐力后,会把基础四周的土挤出,使基础滑移而失去稳定,同时还易受到自然因素的侵蚀和影响,使基础破坏,故基础的埋深在一般情况下,不宜小于 0.5 m(见图 3-4)。

3.2.2　影响基础埋置深度的主要因素

1. 地基土层构造的影响

基础底面应尽量选在常年未经扰动而且坚实平坦的岩土层上,俗称"老土层"。在工程实践中,应根据地基岩土层的实际分布状况确定持力层,确保建筑物的安全。

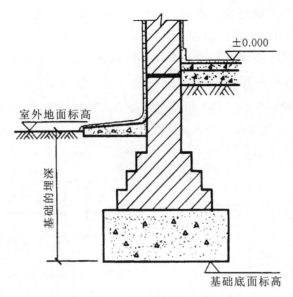

图 3-4　基础的埋置深度

2. 地下室、设备基础的影响

当建筑物下面设置地下室、设备基础或地下设施时,基础埋深应符合其使用要求,高层建筑筏形、箱形基础埋深应满足地基承载力、变形和稳定性要求。

3. 地下水位的影响

如果基础处于最高和最低地下水位之间,则地下水位的上升和降低会使建筑物产生较大的上下位移,基础也处于干湿交替状态,对基础和上部结构都产生不利影响,为避免这种情况的出现,在地下水位较高的地区,宜将基础的底面设在当地的最低水位以下 200 mm。在地下水位较低的地区,应尽可能将基础埋在最高水位以上 200 mm,如图 3-5 所示。

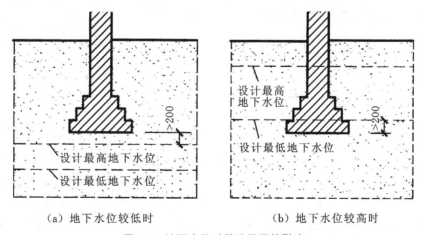

（a）地下水位较低时　　　　　　　　（b）地下水位较高时

图 3-5　地下水位对基础埋深的影响

4. 冻胀深度的影响

确定基础埋深应考虑地基的冻胀性,冻结土与非冻结土的分界线称为土的冰冻线,应根据当地的气候条件了解土层的冻结深度，一般将基础的垫层部分做在土层冻结深度以下。否则，冬天土层的冻胀力会把房屋拱起，使其产生变形；天气转暖，冻土解冻时又会产生陷落。一般要求基础埋置在冰冻线下 200 mm，如图 3-6 所示。

5. 相邻建筑物基础的影响

新建建筑物的基础埋深不宜深于相邻的原有建筑物的基础；但当新建基础深于原有基础时，两基础的水平距离应保持在二者基础底面高差的 1～2 倍以内，如图 3-7 所示，以保证原有建筑的安全和正常使用。

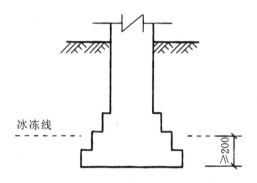

图 3-6　冰冻深度对埋深的影响

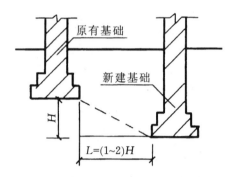

图 3-7　基础埋深与相邻基础的关系

3.3	基础的类型与构造

基础的类型很多，按基础所用材料及受力特点来分，有刚性基础和柔性基础；按构造形式分有条形基础、独立基础、片筏基础、箱形基础和桩基础。

基础的类型
与构造微课

基础的类型
与构造

3.3.1　按材料及受力特点分类

1. 刚性基础

由刚性材料构成的基础称为刚性基础。刚性材料是指抗压强度高，而抗拉、抗剪强度较低的材料，常用砖、毛石、混凝土等。为满足地基容许承载力的要求，基底宽 B 一般大于上部墙宽。当基础 B_0 很宽时，挑出长度 b 很长，而基础又没有足够的高度 H，又因基础采用刚性材料，基础就会因受弯曲或剪切而破坏。为了保证基础不被拉力、剪力破坏，基础必须具有相应的高度。通常按刚性材料的受力特点，基础的挑出长度与高度应控制在材料允许范围内，这个控制范围的夹角称为刚性角，用 α 表示，如图 3-8 所示。

刚性基础放大角度不应超过刚性角，如砖、石基础的刚性角控制在（1∶1.25）～（1∶1.50）以内，混凝土刚性角控制在 1∶1 以内。具体见表 3-1 刚性基础台阶宽高比允许值。

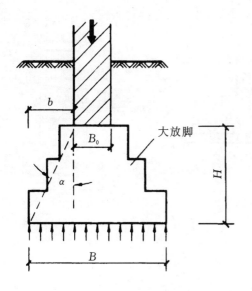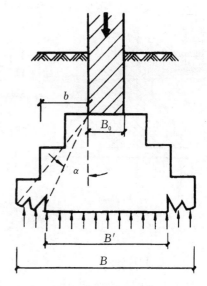

图 3-8　刚性基础

表 3-1　刚性基础台阶宽高比的允许值

基础材料类型	质量要求	台阶宽高比允许值		
		$P \leqslant 100$ kPa	100 kPa$<P \leqslant$200 kPa	200 kPa$<P \leqslant$300 kPa
混凝土基础	C15 混凝土	1∶1.00	1∶1.00	1∶1.25
毛石混凝土基础	C15 混凝土	1∶1.00	1∶1.25	1∶1.50
砖基础	砖不低于 MU10,砂浆不低于 M5	1∶1.50	1∶1.50	1∶1.50
毛石基础	砂浆不低于 M5	1∶1.25	1∶1.50	

注:1.P 为荷载效应标准组合基础底面处的平均压力值(kPa)。

　　2.阶梯形毛石基础的每阶伸出宽度不宜大于 200 mm。

1）砖基础

砖基础一般用不低于 MU10 的砖和不低于 M5 的砂浆砌成。因砖的抗冻性能较差,在严寒地区和含水量较大的土中,应采用高强度等级的砖和水泥砂浆,基础下宜做灰土或三合土垫层。

砖基础的逐步放阶的形式称为大放脚。为满足刚性角的要求,砖基础台阶的宽高比应小于 1∶1.5。常采用每隔二皮厚收进 1/4 砖长的形式,简称二皮一收。当基础底宽较大时,也可采用二皮一收与一皮一收相间的砌筑方法,简称二一间隔收,如图 3-9 所示。

2）毛石基础

毛石基础由未加工成形的毛石和砂浆砌筑而成,其截面有台阶形、锥形和矩形等。石材的强度高,抗冻、防水和防腐蚀性能好,适用于地下水位高、冻结深度较大的一般民用建筑,但有抗震设防要求时不宜采用,如图 3-10 所示。

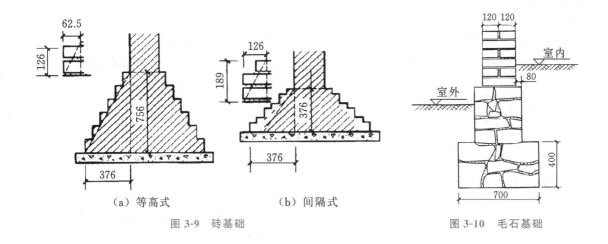

（a）等高式　　　　　（b）间隔式

图 3-9　砖基础　　　　　　　　图 3-10　毛石基础

3）混凝土基础

混凝土基础具有坚固、耐久、耐水和防腐等特点，可用于地下水位以下的基础。混凝土基础一般有矩形、台阶形和锥形的截面形式。当基础高度小于 350 mm 时，多做成矩形；当基础高度大于 350 mm 时，多做成阶梯形，每个台阶高度为 350～400 mm；如果台阶多于三级，可做成锥形基础，如图 3-11 所示。

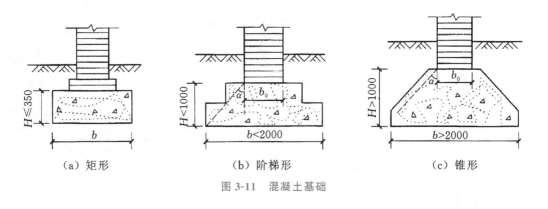

（a）矩形　　　　　（b）阶梯形　　　　　（c）锥形

图 3-11　混凝土基础

2. 柔性基础

由钢筋混凝土材料构成的基础，既能承受压应力，也能承受拉应力，基础宽度不受刚性角的限制，称为柔性基础。当建筑物的荷载较大而地基承载能力较小时，如果仍采用刚性材料做基础，势必加大基础的埋深，这样很不经济，如图 3-12(a) 所示。柔性基础宽度不受刚性角的限制，基础底部不但能承受很大的压力，而且能承受很大的拉力（弯矩），如图 3-12(b) 所示。为节约材料，该基础纵剖面通常做成锥形，但最薄处厚度不得小于 200 mm，也可做成阶梯形。为保证钢筋混凝土基础施工时，钢筋不陷入泥土中，保护地基和找平整的工作面，常须在基础与地基之间设置混凝土垫层。柔性基础适用于荷载较大的多、高层建筑。

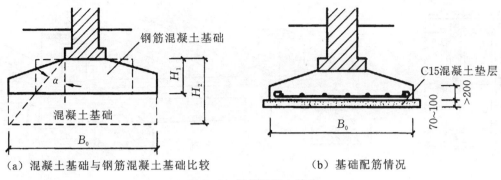

（a）混凝土基础与钢筋混凝土基础比较　　　　（b）基础配筋情况

图 3-12　钢筋混凝土基础

3.3.2　按构造形式分类

基础构造的形式随着建筑物上部结构形式、荷载大小及地基土壤性质的变化而不同。一般情况下，上部结构形式直接影响基础的形式，基础按构造特点可分为五种基本类型。

1. 条形基础

条形基础呈连续的带形，又称带形基础。条形基础分为墙下条形基础和柱下条形基础两类。

（1）墙下条形基础。

当建筑物上部为混合结构，在承重墙下一般做成通长的条形基础，如一般中小型建筑常选用黏土砖、石、混凝土材料的刚性条形基础。当建筑物荷载很大、地基承载力小或上部结构有需要时，可选用钢筋混凝土条形基础，如图 3-13 所示。

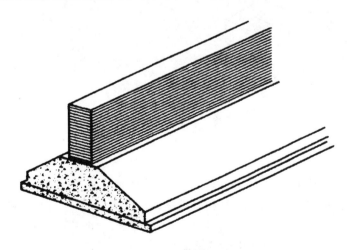

图 3-13　墙下条形基础

（2）柱下条形基础。

对于框架结构或部分框架结构建筑，荷载较大，地基较软弱或承载力偏低时，为增加基底面积或增加整体刚度，减少不均匀沉降，可将柱下的基础相互连在一起，形成柱下条形基础，如图 3-14 所示。

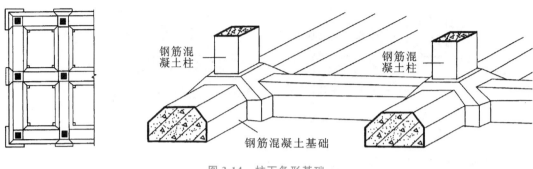

图 3-14　柱下条形基础

2. 独立基础

当建筑物上部结构采用框架结构或单层排架结构承重时,基础常采用方形或矩形的独立基础,如图 3-15 所示。独立基础是柱下基础的基本形式,通常在独立基础上设置基础梁以支承上部墙体。

当柱采用预制构件时,则将基础做成杯口形,然后将柱插入并嵌固在杯口内,故称杯形基础,如图 3-16(a)所示。有时因建筑物场地起伏或局部工程地质条件变化,以及避开设备基础等原因,可将个别柱基础底面降低,做成高杯口基础,如图 3-16(b)所示。

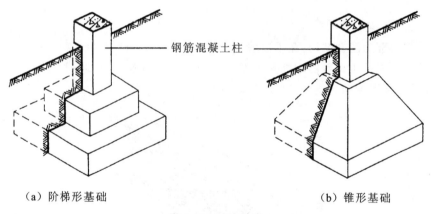

（a）阶梯形基础　　　　　　　　　　（b）锥形基础

图 3-15　独立基础

3. 片筏基础

当建筑物上部荷载很大,而地基又软弱时,通常将墙下或柱下基础连成一个整体板块,建筑物上部荷载作用在一个整板上,这种基础称为片筏基础,也称满堂基础。片筏基础整体性好,常用于等级软弱的多层混合结构、框架结构的建筑,片筏基础有平板式和梁板式两种,如图 3-17 所示。片筏基础一般适用于基础埋深小于 3 m 的场合。

4. 箱形基础

当建筑物上部荷载很大,而地基承载力又较小,且基础埋深较大时,可做成箱型基础。箱形基础由底板、顶板和若干纵、横隔墙组成,箱型基础的中空部分可作为地下室(单层或多层)。箱形基础整体空间刚度大,整体性好,能承受很大弯矩,抵抗地基的不均匀沉降,常用在高层建筑或软弱地基上建造的建筑物,如图 3-18 所示。

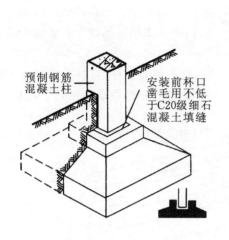

（a）普通杯形基础

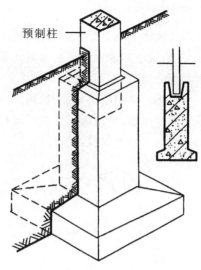

（b）高杯口基础

图 3-16　杯形基础

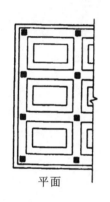

平面

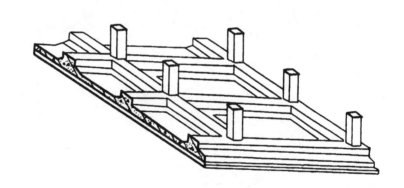

图 3-17　梁板式片筏基础

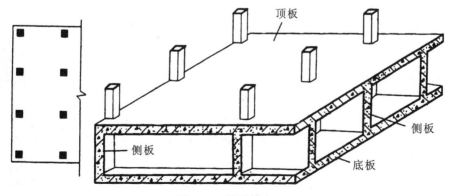

图 3-18　箱形基础

5. 桩基础

当建筑物上部荷载较大,而且地基的软弱土层较厚(一般大于 5 m),地基承载能力不能满足要求,做成其他人工地基又不具备条件或不经济时,则可采用桩基础。桩基础由承台和桩身两部分组成,如图 3-19 所示。

桩基础的类型很多,根据材料不同有木桩、钢筋混凝土桩和钢桩;根据受力性能不同有端承桩和摩擦桩;根据施工方法不同有预制桩、灌注桩和爆扩桩;根据断面形式不同有圆形、方形、环形、六角形桩及工字形桩等。

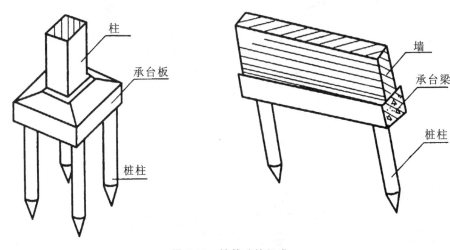

图 3-19　桩基础的组成

3.4　地下室

建筑物下部的地下使用空间称为地下室。地下室可以专门设置也可以由高层建筑物深埋的基础部分或箱形基础的内部空间构成。地下室分为普通地下室和人防地下室,人防地下室可适当考虑和平时期的利用。

地下室

3.4.1　地下室的组成与类型

1. 地下室的组成

地下室一般由墙身、底板、顶板、门窗、采光井、楼梯等部分组成,如图 3-20 所示。

(1) 墙体。

地下室的外墙不仅承受上部结构的荷载,还要承受外侧土、地下水及土壤冻结时产生的侧压力,所以地下室的墙体要求具有足够的强度与稳定性。同时地下室外墙处于潮湿的工作环境,还要具有良好的防水、防潮性能,一般采用砖墙、混凝土墙或钢筋混凝土墙。

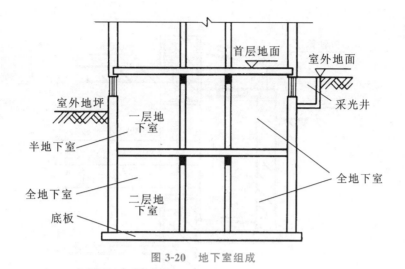

图 3-20   地下室组成

（2）顶板。

地下室顶板与其他楼板相同,可用钢筋混凝土现浇板、预制板、装配整体式楼板(预制板上做现浇层)等。人防地下室为了防止爆炸冲击波,顶板的厚度、跨度、强度应按相应防护等级的要求进行确定,顶板上面还应覆盖一定厚度的夯实土。

（3）底板。

当底板高于最高地下水位时,可在垫层上现浇 60～80 mm 厚的混凝土,再做面层;当底板低于最高地下水位时,底板不仅承受上部垂直荷载,还承受地下水的浮力作用,此时应采用钢筋混凝土底板。底板还要在构造上做好防潮或防水处理。

（4）门和窗。

普通地下室的门窗与地上房间门窗相同。地下室外窗如在室外地坪以下时,可设置采光井,以便采光和通风。人防地下室的门应满足密闭、防冲击波的要求,一般采用防爆钢门。

（5）楼梯。

地下室的楼梯可以与地上部分的楼梯连通使用,但要求用乙级防火门分隔。若层高较小或用作辅助房间的地下室,可设置单跑楼梯。一个地下室至少应有两部楼梯通向地面。

人防地下室应至少有两个出口通向地面,其中一个必须是独立的安全出口。独立安全出口与地面以上建筑物的距离要求不小于地面建筑物高度的一半,以防空袭时建筑物倒塌,堵塞出口,影响疏散。

2. 地下室的分类

（1）按埋入地下深度的不同,地下室分为全地下室和半地下室。全地下室是指地下室地面低于室外地坪的高度超过该房间净高的一半以上;半地下室是指地下室地面低于室外地坪的高度为该房间净高的 1/3～1/2。半地下室通常采用采光井采光,如图 3-21 所示。

（2）按使用功能不同,地下室分为普通地下室和人防地下室。普通地下室一般按照地下楼层进行设计;人防地下室是战争时期人们的掩蔽场所,建设的规模、位置和结构构造都要符合人防管理相关规定,尽量做到平战结合。

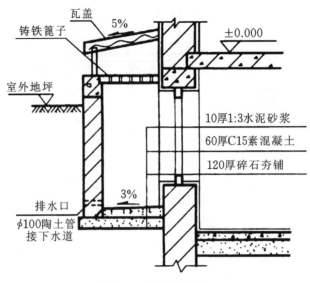

图 3-21   采光井构造

3.4.2   地下室的构造

地下室的墙身、底板都埋在地下,长期受到地潮或地下水的侵蚀,因此为保证地下室不潮湿、不透水,必须对其外墙、底板采取相应的构造措施。地下室的防潮或防水构造措施的选用取决于地下水位与地下室地坪标高的关系。

1. 地下室防潮构造

当地下水的常年水位和最高水位均在地下室地坪标高以下时,地下水不能直接侵入地下室,地下室的外墙和底板仅受到地表渗透下来的雨水和土壤中上升的毛细水影响,此时只做防潮处理。

对砖砌墙体或石砌墙体,要求墙体必须采用强度等级不低于 M5 的水泥砂浆砌筑,灰缝要饱满,在地下室外墙外面须设垂直防潮层。其做法是在墙体外表面先抹一层 20 mm 厚的1:3 水泥砂浆找平,再涂一道冷底子油和两道热沥青;然后在外侧回填低渗透性土壤,如黏土、灰土等,并逐层夯实,土层宽度为 500 mm 左右,以防地面雨水或其他地表水的影响,如图 3-22(a)所示。另外,地下室的所有墙体都应设两道水平防潮层,一道设在地下室地坪附近,另一道设在室外地坪以上 150～200 mm 处,使整个地下室防潮层连成整体,如图 3-22(b)所示。

地下室地坪层可借助混凝土垫层材料的憎水性能防潮,但当最高地下水位距地下室地坪较近时,应加强地坪的防潮效果,一般在地面垫层与面层之间加设防水砂浆或卷材防潮层,且与墙身水平防潮层在同一水平面上。

2. 地下室防水构造

当设计最高水位高于地下室地坪时,地下室的外墙和底板都浸泡在水中,这时地下室外

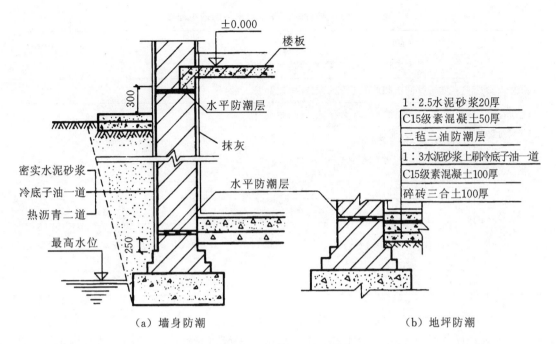

图 3-22　地下室的防潮构造

墙受到地下水的侧压力，底板受到地下水的浮力。因此必须对地下室外墙和底板做防水处理。《建筑与市政工程防水通用规范》(GB 55030—2022)中将明挖法地下工程的防水等级分为三级，地下主体结构防水做法应符合表 3-2 的规定。

表 3-2　地下主体结构防水做法

防水等级	防水做法	防水混凝土	外设防水层		
			防水卷材	防水涂料	水泥基防水材料
一级	不应少于 3 道	为 1 道，应选	不少于 2 道；防水卷材或防水涂料不应少于 1 道		
二级	不应少于 2 道	为 1 道，应选	不少于 1 道；任选		
三级	不应少于 1 道	为 1 道，应选			

地下室常采用的防水措施有卷材防水、防水混凝土防水和水泥基防水材料防水等。

1) 防水卷材防水

规范规定卷材防水层应铺设在混凝土结构的迎水面，防水卷材层用于建筑物地下室时，应铺设在结构底板垫层至墙体防水设防高度的结构基面上。

防水卷材的品种有高聚物改性沥青类防水卷材(如 SBS 卷材、BAC 卷材等)和合成高分子类防水卷材(如三元乙丙橡胶防水卷材)，防水卷材的类型和防水层最小厚度见表 3-3。

表 3-3　防水卷材的类型和防水层的最小厚度

防水卷材类型			卷材防水层最小厚度/mm
聚合物改性沥青类防水卷材	热熔法施工聚合物改性防水卷材		3.0
	热沥青粘结和胶粘法施工聚合物改性防水卷材		3.0
	预铺反粘防水卷材（聚酯胎类）		4.0
	自粘聚合物改性防水卷材（含湿铺）	聚酯胎类	3.0
		无胎类及高分子膜基	1.5
合成高分子类防水卷材	均质型,带纤维背衬型、织物内增强型		1.2
	双面复合型		主体片材芯材 0.5
	预铺反粘防水卷材	塑料型	1.2
		橡胶型	1.5
	塑料防水板		1.2

按防水卷材铺贴位置的不同,卷材防水可分为外包防水和内包防水两类。

(1)外包防水是将防水层贴在地下室外墙的外表面,这对防水有利,但维修困难。外防水构造要点是:先在墙外侧抹 20 mm 厚的 1∶3 水泥砂浆找平层,并刷冷底子油一道,然后选定卷材层数,分层粘贴防水卷材,铺贴卷材应先铺平面,再铺立面,交接处应交叉搭接;防水层须高出最高地下水位 500～1000 mm 为宜。防水层以上的地下室侧墙应抹水泥砂浆涂两道热沥青,直至室外散水处。垂直防水层外侧砌 120 厚的保护墙一道,在保护墙外 0.5m 范围内回填 2∶8 灰土或炉渣等隔水层,如图 3-23(a)所示。防水层收头处理如图 3-23(b)所示。

(2)内包防水是将防水层贴在地下室外墙的内表面,这样施工方便,容易维修,但对防水不利,故常用于修缮工程。具体做法是在外墙内侧抹 1∶3 水泥砂浆找平层,然后铺贴卷材,最后根据卷材特性采用软保护或铺抹 20 mm 厚的 1∶3 水泥砂浆。铺贴卷材时应先铺立面,再铺平面。铺贴立面先铺转角,后铺大面,如图 3-23(c)所示。

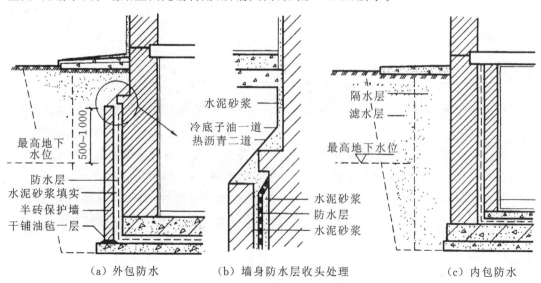

（a）外包防水　　　　　（b）墙身防水层收头处理　　　　　（c）内包防水

图 3-23　地下室卷材防水构造

2) 防水混凝土防水

防水混凝土防水是把地下室的墙体和底板用防水混凝土整体浇筑在一起,以具备承重、围护和防水功能。防水混凝土的配制要求满足强度的同时,还要满足抗渗等级的要求。明挖法地下工程防水混凝土的最低抗渗等级应符合表 3-4 的规定。

表 3-4 明挖法地下工程防水混凝土最低抗渗等级

防水等级	市政工程现浇混凝土结构	建筑工程现浇混凝土结构	装配式衬砌
一级	P8	P8	P10
二级	P6	P8	P10
三级	P6	P6	P8

要提高混凝土的抗渗能力,通常采用的防水混凝土有以下几种。

(1)骨料级配混凝土。采用不同粒径的骨料进行级配,且适当减少骨料的用量和增砂率与水泥用量,以保证砂浆充满于骨料之间,从而提高混凝土的密实性和抗渗性。

(2)外加剂防水混凝土。在混凝土中掺入微量有机或无机外加剂,以改善混凝土内部组织结构,使其具有较好的和易性,从而提高混凝土的密实性和抗渗性。常用的外加剂有引气剂、减水剂、三乙醇胺、氯化铁等。

(3)膨胀防水混凝土。在水泥中掺入适量膨胀剂或使用膨胀水泥,使混凝土在硬化过程中产生膨胀,弥补混凝土冷干收缩形成的孔隙,从而提高混凝土的密实性和抗渗性。防水混凝土自防水构造如图 3-24 所示。

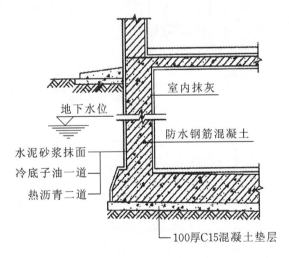

图 3-24 防水混凝土自防水构造

地下室防水混凝土构造大样图如图 3-25 所示。

3) 水泥基防水材料

外涂型水泥基渗透结晶型防水材料的性能应符合现行国家标准《水泥基渗透结晶型防水材料》(GB 1845—2012)的规定,防水层的厚度不应小于 1.0 mm,用量不应小于 1.5 kg/m²。

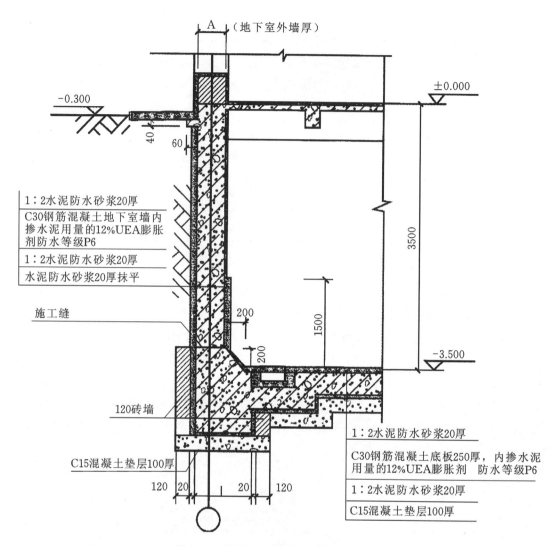

图 3-25　地下室防水混凝土构造大样图

复习思考题

一、名词解释

1.地基与基础

2.天然地基与人工地基

3.基础埋置深度

4.刚性基础与柔性基础

5.桩基础

二、选择题

1.当建筑物为柱承重且柱距较大时宜采用(   )。

A.条形基础   B.独立基础   C.桩基础   D.筏形基础

2.基础埋深不得过小,一般不小于(   )。

A.300 mm   B.200 mm   C.500 mm   D.400 mm

3.基础埋置深度不超过(   )时,称为浅基础。

A.5 m   B.7 m   C.1 m   D.0.5 m

4.柔性基础做成锥形时,最薄处厚度(   )。

A.不宜小于 200 mm   B.不宜小于 250 mm

C.不宜大于 200 mm   D.不宜大于 250 mm

5.基础设计中,在连续的墙下或密集的柱下,宜采用(   )。

A.独立基础   B.条形基础   C.井格基础   D.筏形基础

6.地基软弱的多层砌体结构,当上部荷载较大且地基不均匀时,一般采用(   )。

A.独立基础   B.条形基础

C.井格基础   D.筏形基础

7.刚性角最大的基础通常是(   )。

A.混凝土基础   B.砖基础

C.砌体基础   D.毛石基础

8.属于柔性基础的是(   )。

A.砖基础   B.毛石基础

C.混凝土基础   D.钢筋混凝土基础

9.刚性基础的受力特点是(   )。

A.抗拉强度大、抗压强度小   B.抗拉强度小、抗压强度大

C.抗拉强度、抗压强度均大   D.抗剪切强度大

10.能直接在上面建造房屋的土层称为(   )。

A.原土地基   B.天然地基

C.人造地基   D.人工地基

11.对于大量砖混结构的多层建筑的基础,通常采用(   )。

A.单独基础   B.条形基础

C.筏形基础   D.箱形基础

12.全地下室是指地下室地面低于室外设计地面的高度超过该房间(   )。

A.高度的 1/2   B.净高的 1/2

C.高度的 1/3   D.净高的 1/3

三、简答题

1.什么是地基和基础？地基和基础有何区别？

2.天然地基和人工地基有何区别？

3.地基和基础的设计要求有哪些？

4.什么是基础埋深？影响基础埋深的因素有哪些？

5.什么是刚性基础？刚性基础为什么要考虑刚性角？

6.简述常用基础的分类及其特点。

7.什么是柔性基础？

8.简述地下室的分类和构造组成。

9.如何确定地下室应该防潮还是防水？简述地下室防水的构造做法。

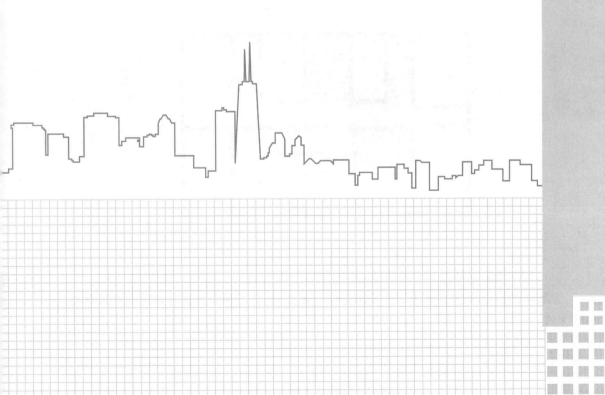

学习项目 4

墙体

4.1　墙体概述

4.1.1　墙体的类型

1.按墙体所在位置分类

墙体按所在位置不同可分为外墙和内墙。沿建筑物四周边缘布置的墙体称为外墙,被外墙包围的墙体称为内墙。沿建筑物长轴方向布置的墙体称为纵墙,沿建筑物短轴方向布置的墙体称为横墙。对于同一道墙来说,门窗洞口之间的墙体称为窗间墙,门窗洞口上、下的墙体称为窗上墙、窗下墙,如图 4-1 所示。

墙体概述
和隔墙的构造

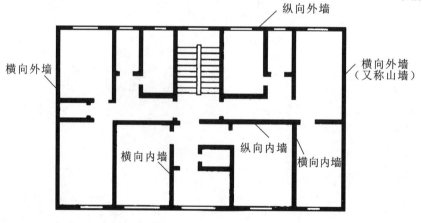

图 4-1　墙体各部分名称

2.按墙体受力状况分类

墙体按受力方式分为承重墙和非承重墙。承受楼板、屋顶等构件传来荷载的墙体称为承重墙,一般情况下仅承受自重的墙体称为非承重墙。(见图 4-2、图 4-3)

3.按墙体施工方式分类

按施工方法墙体可以分为块材墙、版筑墙及板材墙三种。块材墙是用砂浆等胶结材料将砖、石块、砌块等组砌而成的,如砖墙、石墙及各种砌块墙等;版筑墙是在现场立模板,现浇而成的墙体,例如现浇混凝土墙等;板材墙是用预制墙板安装而成的墙,例如预制混凝土大板墙、石膏板墙、各种幕墙等。

4．按使用材料分类

墙体按使用材料分类有很多种,将胶凝材料砂浆和砖、石、砌块砌筑的墙体称为砖墙、石墙、砌块墙。

4.1.2　墙体的作用

1．承重作用

承重墙承担建筑物的屋顶、楼板传递给它的荷载及自重、风荷载,是混合结构建筑主要的承重构件,如图4-2所示。

图4-2　承重墙体

图4-3　非承重墙体

2．分隔作用

外墙是分隔室内与室外空间的构件。内墙是建筑水平方向划分空间的构件,把建筑内部空间划分成若干个使用空间或若干个房间。

3．围护作用

外墙起着抵御自然界中风、霜、雨、雪的侵袭,防止太阳辐射、噪声干扰和保温隔热等作用,因此,外墙是建筑物围护结构的主体。

4.1.3　墙体的承重

墙体有四种承重方案,即横墙承重、纵墙承重、纵横墙混合承重和墙与柱混合承重。

1．横墙承重

横墙承重是指将楼板、屋面板等水平承重构件搁置在横墙上,如图4-4(a)所示,楼面、屋面荷载通过楼板、屋面板传递给横墙,横墙承重的建筑横向刚度较大,整体性好,有利于抵抗水平荷载(风荷载、地震荷载等)和调整地基不均匀沉降。纵向墙只起纵向稳定和拉结的作用,因此在纵墙上开设门窗洞口较为灵活。但是,在横墙承重方案中,横墙间距受到最大间距限制,开间划分灵活性差,适用于房间开间尺寸不大、房间面积较小建筑,如宿舍、旅馆、住宅等小开间建筑。

2. 纵墙承重

纵墙承重是指将楼板、屋面板等水平承重构件搁置在纵墙上，横墙只起分割空间和连接纵墙的作用，如图4-4(b)所示。楼面、屋面荷载通过楼板、屋面板传递给纵墙，由于横墙是非承重墙，房间布置灵活，可增大横墙间距，分隔出较大的使用空间。

纵墙承重方案适用于在使用上要求有较大空间的建筑，如办公楼、商场等。

3. 纵横墙混合承重

纵横墙混合承重是指承重墙体由纵向墙和横向墙两个方向墙体组成，如图4-4(c)所示。纵横墙混合承重方式结合了横墙承重和纵墙承重的优点，房屋刚度大，平面布置灵活。

纵横墙混合承重方案适用于房间开间、进深较大的建筑，如医院、幼儿园、教学楼、阅览室等。

4. 墙与柱混合承重

墙与柱混合承重方案是建筑内部采用柱、梁组成的内框架承重，四周采用墙体承重，由墙和柱共同承担水平承重构件传来的荷载，又称内骨架结构，如图4-4(d)所示。墙与柱混合承重的建筑的强度和刚度较好，可形成较大的室内空间。

墙与柱混合承重方案适用于室内需要较大空间的建筑，如大型商店、餐厅、阅览室等。

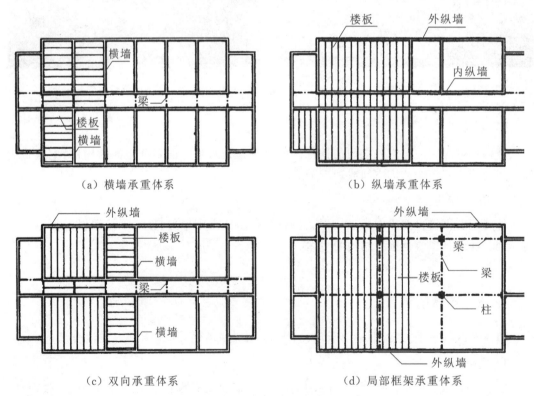

(a) 横墙承重体系　　　　　　(b) 纵墙承重体系

(c) 双向承重体系　　　　　　(d) 局部框架承重体系

图 4-4　墙体结构布置方案

4.2 墙体的设计要求

4.2.1 具有足够的强度和稳定性

强度是指墙体承受荷载的能力。它与墙体采用的材料、材料强度等级、墙体的面积、墙体构造和施工方式有关。墙体砌筑所用的砖和砂浆强度等级高，墙体强度就高。相同材料和相同强度等级的墙体相比，截面积越大的墙体强度越高。作为承重墙的墙体，必须具有足够的强度以保证结构的安全。

墙体的设计要求

墙体的稳定性与墙的高度、长度和厚度有关。高而薄的墙稳定性差，矮而厚的墙稳定性好；长而薄的墙稳定性差，短而厚的墙稳定性好。一般采用在墙体中设置圈梁、构造柱、拉结筋等构造措施，提高墙体的稳定性。

4.2.2 满足热工要求

外墙是建筑围护结构的主体，其热工性能的好坏会对建筑的使用及能耗带来直接的影响。建筑热工设计应与地区气候相适应，热工要求主要是考虑墙体的保温与隔热。《民用建筑热工设计规范》(GB 50176—2016)规定，建筑热工设计区划分为两级，一级分为严寒地区、寒冷地区、夏热冬冷地区、夏热冬暖地区和温和地区五大区域。二级区划名称及设计要求应符合表4-1的规定。

表4-1 热工设计二级区划名称及设计要求

二级区划名称	设计要求	城市举例
严寒A区(1A)	冬季保温要求极高，必须满足保温设计要求，不考虑防热设计	黑河、漠河、嫩江、伊春
严寒B区(1B)	冬季保温要求非常高，必须满足保温设计要求，不考虑防热设计	哈尔滨、齐齐哈尔、牡丹江
严寒C区(1C)	必须满足保温设计要求，可不考虑防热设计	呼和浩特、长春、长岭、延吉、沈阳、酒泉、张掖、西宁、乌鲁木齐
寒冷A区(2A)	应满足保温设计要求，可不考虑防热设计	锦州、大连、丹东、青岛、日照、张家口、承德、唐山、大原、延安、宝鸡、兰州、敦煌、银川、伊宁、喀什、拉萨、林芝、毕节
寒冷B区(2B)	应满足保温设计要求，宜满足隔热设计要求，兼顾自然通风、遮阳设计	北京、天津、济南、石家庄、邢台、保定、郑州、西安、吐鲁番、徐州

二级区划名称	设计要求	城市举例
夏热冬冷 A 区(3A)	应满足保温、隔热设计要求,重视自然通风、遮阳设计	上海、合肥、蚌埠、南京、溧阳、安庆、杭州、武汉、宜昌、长沙、岳阳、常德、邵阳、南昌、成都、绵阳、雅安、遵义
夏热冬冷 B 区(3B)	应满足隔热、保温设计要求,强调自然通风、遮阳设计	重庆、赣州、吉安、宜宾、泸州、武夷山市、桂林、韶关、连州、南平、邵武
夏热冬暖 A 区(4A)	应满足隔热设计要求,宜满足保温设计要求,强调自然通风、遮阳设计	福州、柳州、梧州、河池、连平、漳平
夏热冬暖 B 区(4B)	应满足隔热设计要求,可不考虑保温设计要求,强调自然通风、遮阳设计	厦门、广州、深圳、梅县、河源、汕头、湛江、阳江、汕尾、南宁、百色、北海、海口、琼海、三亚
温和 A 区(5A)	应满足冬季保温设计要求,可不考虑防热设计	贵阳、昆明、丽江、大理
温和 B 区(5B)	宜满足冬季保温设计要求,可不考虑防热设计	瑞丽、临沧、江城、澜沧

1. 墙体的保温要求

在有保温要求的地区,建筑的外墙应具有良好的保温能力,以减少热量损失、降低能耗。通常采取以下保温措施。

(1)适当增加墙体的厚度。墙体的热阻与其厚度成正比,欲提高墙身的热阻,可增加墙体厚度。

(2)选择导热系数小的墙体材料。要增加墙体的热阻,常选用导热系数小的保温材料,如有机类聚苯板、挤塑板等;无机类膨胀珍珠岩、岩棉、泡沫混凝土、保温砂浆等;复合材料类聚苯颗粒等。

《外墙外保温技术标准》(JGJ 144—2019)中指出,粘贴保温板薄抹灰外保温系统由粘结层、保温层、抹面层和饰面层构成,如图 4-5 所示。

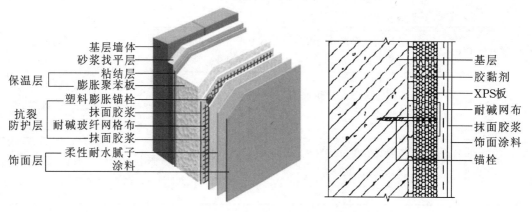

图 4-5　粘贴保温板薄抹灰外保温系统

2. 墙体的隔热要求

墙体隔热要求建筑的外墙具有良好的隔热能力,以阻止太阳辐射热传入室内,隔热一般采取环境绿化、自然通风、遮阳等措施。墙体隔热的常用做法有:

(1)外墙采用浅色而平滑的外饰面,减少墙体对太阳辐射的吸收。

(2)外墙采用导热系数小的材料或采用中空墙体以减少热量的传导。

(3)在东、西朝向房屋窗口外侧设置遮阳设施,以遮挡阳光直射室内。

(4)合理选择建筑朝向,平面设计时考虑穿堂风,以利于自然通风。

4.2.3　满足隔声要求

墙体隔绝空气传声的能力,主要取决于墙体的单位面积质量(面密度),面密度越大,隔声越好。因此,在墙体设计时尽量选用面密度大的材料。另外,还应适当增加墙体厚度,设置中空墙或双层墙来提高墙体的隔声能力。

《民用建筑隔声设计规范》(GB 50118—2010)中规定,无特殊要求的住宅分户墙的隔声标准是 48 dB(分贝),学校一般教室与教室之间的隔墙隔声标准是 45 dB,采用双面抹灰的半砖墙能满足隔声要求。

4.2.4　满足防火要求

建筑墙体的材料及厚度,应满足《建筑设计防火规范》(GB 50016—2014)中的规定,建筑的单层建筑面积或长度达到规定指标时,应设置防火分区,以防止火灾蔓延。防火分区一般利用防火墙进行分隔,防火墙应采用不燃烧体材料制作,且耐火极限不低于 4 h。

4.2.5　满足防水防潮要求

地下室的墙体应满足防水防潮要求,卫生间、厨房、实验室等有水的房间的墙体应满足防水防潮、易清洗、耐腐蚀的要求。

4.2.6　满足建筑工业化的要求

建筑工业化的主要标志是建筑设计标准化、构配件生产工厂化、施工机械化和组织管理科学化。建筑工业化发展要求应用新型轻质高强墙体材料,减轻墙体自重,提高施工效率,降低工程造价。特别是装配式建筑,实现了墙板生产工厂化。

4.3 墙体的构造

我国采用砖墙有着悠久的历史,砖墙有很多优点,砖墙的保温、隔热及隔声效果较好,具有防火和防冻性能,有一定的承载能力,并且取材容易,生产工艺简单,不需要大型设备。

但砖墙也存在许多缺点,施工速度慢,劳动强度大,自重大,且所用材料黏土取自耕地。所以,随着建筑工业化步伐加快,各种新型轻质高强墙体材料正在被使用。

4.3.1 砖墙材料

砖墙是用砂浆将一块块砖按一定技术要求砌筑而成的砌体,其材料是砖和砂浆。

1. 砖的种类和强度等级

砖按材料不同,有黏土砖、页岩砖、粉煤灰砖、灰砂砖、炉渣砖等;按形状分有实心砖、多孔砖和空心砖等三种。

普通黏土砖以黏土为主要原料,经处理、成型、干燥和焙烧而成。有红砖和青砖之分。青砖比红砖强度高,耐久性好。

我国标准砖的规格为 240 mm×115 mm×53 mm ,标准砖每块重量约为 25 牛顿,适合手工砌筑,但标准砖砌筑墙体时是以砖宽度的倍数,即 115 mm＋10 mm＝125 mm 为模数。这与我国现行《建筑模数协调标准》中的基本模数 1M＝100 mm 不协调,因此在使用中,须注意标准砖的这一特征。

砖的强度等级是由其抗压强度和抗折强度综合确定的,分为 MU30、MU25、MU20、MU15、MU10 五个等级。如 MU30 表示砖的极限抗压强度标准值为 30 MPa,即每平方毫米可承受 30 N 的压力。

2. 砂浆

砂浆是砌块的胶结材料。砖块经砂浆砌筑成墙体,使它传力均匀,砂浆还起着嵌缝作用,能提高防寒、隔热和隔声的能力。砌筑砂浆要求有一定的强度,以保证墙体的承载力,还要求有适当的稠度、保水性及好的和易性,方便施工。

常用的砂浆有水泥砂浆、石灰砂浆和混合砂浆。

(1) 水泥砂浆:由水泥、砂加水拌和而成,属水硬性材料,强度高,但可塑性和保水性较差,适宜砌筑湿环境下的砌体,如卫生间、厨房、地下室墙体及基础等。

(2) 石灰砂浆:由石灰膏、砂加水拌和而成。由于石灰膏为塑性掺合料,所以石灰砂浆的可塑性很好,但它的强度较低,且属于气硬性材料,遇水强度即降低,所以适宜砌筑次要的民用建筑的地上砌体。

(3) 混合砂浆:由水泥、石灰膏、砂加水拌和而成。既有较高的强度,也有良好的可塑性和保水性,在民用建筑地上部分砌体中被广泛采用。

砂浆强度等级分为 M20、M15、M10、M7.5、M5、M2.5 共六个等级。

4.3.2　砖墙的组砌方式

1. 砖墙的厚度

黏土砖的尺寸是 240 mm×115 mm×53 mm,砌筑砖缝厚度通常是 10 mm,砖墙的厚度在工程上习惯以它们的标志尺寸来称呼,如 12 墙、18 墙、24 墙、37 墙、49 墙等。砖墙的厚度见表 4-2。

表 4-2　砖墙的厚度

墙厚名称	半砖	3/4 砖	1 砖	1 砖半	2 砖
标志尺寸/mm	120	180	240	370	490
构造尺寸/mm	115	178	240	365	490
习惯称呼	12 墙	18 墙	24 墙	37 墙	49 墙

2. 砖墙的砌筑方式

为了保证墙体的强度,砖墙在砌筑时应遵循"内外搭接、上下错缝"的原则,砖缝必须横平竖直、砂浆饱满、厚薄均匀、避免通缝。常用的错缝方法是将丁砖和顺砖上下皮交错砌筑,每一层砖称为一皮。当墙面作清水砖墙时,还应考虑墙面图案美观。在砖墙的组砌中,把砖长方向垂直于墙轴线砌筑的砖叫丁砖,砖长方向平行于墙轴线砌筑的砖叫顺砖。常见的砖墙砌筑方式有全顺式(120 墙)、一顺一丁式、三顺一丁式或多顺一丁式、十字式(240 墙)、两平一侧式(180 墙)等。砖墙的组砌方式如图 4-6 所示。

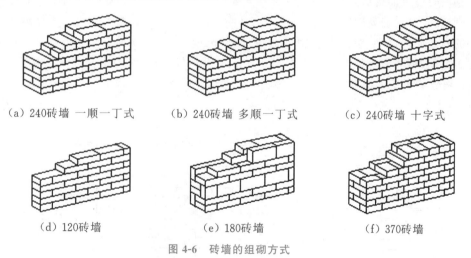

（a）240砖墙　一顺一丁式　　（b）240砖墙　多顺一丁式　　（c）240砖墙　十字式

（d）120砖墙　　　　　　（e）180砖墙　　　　　　（f）370砖墙

图 4-6　砖墙的组砌方式

4.3.3　墙体的细部构造

墙体的细部构造包括门窗过梁、窗台、勒脚的构造、墙身的加固措施等。

1. 门窗过梁

为了承担门窗洞口上部墙体传来的荷载，并把荷载传递给两侧的墙体，需在门窗洞口上部设置门窗过梁。根据材料和构造方式不同，常见的过梁有砖拱过梁、钢筋砖过梁和钢筋混凝土过梁三种。

（1）砖拱过梁。

砖拱过梁有平拱和弧拱两种形式。由竖砌的砖作拱圈，一般将砂浆灰缝做成上宽下窄，上宽不大于 15 mm，下宽不小于 5 mm。砖不低于 MU10，砂浆不能低于 M5，砖砌平拱过梁净跨宜小于 1.2 m，不应超过 1.8 m，中部起拱高约为 1/50L。砖拱过梁如图 4-7 所示。

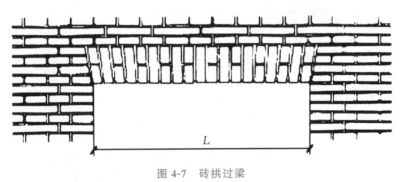

图 4-7　砖拱过梁

（2）钢筋砖过梁。

钢筋砖过梁是由平砖砌筑，在砖缝中加设适量钢筋而形成的圈梁。钢筋砖过梁适宜跨度为 1.5 m 左右，施工简单方便，使用广泛。

钢筋砖过梁的构造要求：①应用强度等级不低于 MU10 的砖和强度等级不低于 M5 的砂浆砌筑；②过梁的高度应在 5 皮砖以上，且不小于洞口跨度的 1/4；③φ6 钢筋放置于洞口上部的砂浆层内，砂浆层为 1∶2 水泥砂浆 30 mm 厚，也可以放置于洞口上部第一皮砖和第二皮砖之间，钢筋两端伸入墙内不少于 240 mm，并做 60 mm 高的垂直弯钩。钢筋直径不小于 φ6，根数不少于 2 根，间距小于或等于 120 mm。钢筋砖过梁构造如图 4-8 所示。

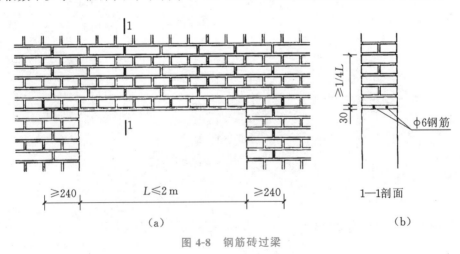

图 4-8　钢筋砖过梁

（3）钢筋混凝土过梁。

钢筋混凝土过梁有现浇和预制两种，梁高及配筋由计算确定。为了施工方便，梁高应与砖的皮数相适应,以方便墙体连续砌筑,故常见梁高为 60 mm、120 mm、180 mm、240 mm 等,即 60 mm 的整数倍。梁宽一般同墙厚,梁两端支承在墙上的长度不少于 240 mm,以保证足够的承压面积。

过梁断面形式有矩形和 L 形。为简化构造,节约材料,可将过梁与圈梁、悬挑雨篷、窗楣板或遮阳板等结合起来设计。如在南方炎热多雨地区,常从过梁上挑出 300～500 mm 宽的窗楣板,既保护窗户不受雨淋,又可遮挡部分直射太阳光。钢筋混凝土过梁如图 4-9 所示。

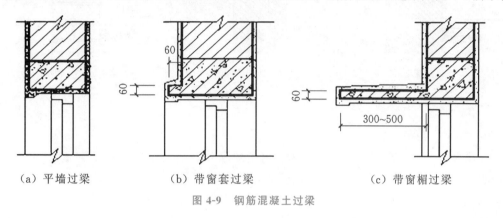

（a）平墙过梁　　（b）带窗套过梁　　（c）带窗楣过梁

图 4-9　钢筋混凝土过梁

2.窗台

窗台的作用是快速排走沿窗面流下的雨水,防止其渗入墙身、沿窗缝渗入室内,同时避免雨水污染外墙面。处于内墙或阳台等处的窗,不受雨水冲刷,可不必设悬挑窗台。外墙面材料为贴面砖时,墙面可以被雨水冲洗干净,也可不设悬挑窗台。

窗台可用砖砌挑出,也可以采用预制钢筋混凝土窗台。砖砌挑出窗台施工简单,应用广泛。根据设计要求,窗台可分为 60 mm 厚平砌挑窗台及 120 mm 厚侧砌挑窗台。窗台的构造如图 4-10 所示。

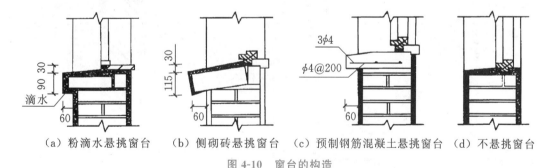

（a）粉滴水悬挑窗台　　（b）侧砌砖悬挑窗台　　（c）预制钢筋混凝土悬挑窗台　　（d）不悬挑窗台

图 4-10　窗台的构造

3.勒脚

勒脚是指室内地面以下、室外地面以上的这段墙体。为防止雨、雪侵蚀墙身和人为因素破坏、碰撞等,所以要求勒脚坚固、防水和美观。勒脚高度一般为室内地面与室外地面之间高差,也可根据立面设计需要提高到底层窗台位置。勒脚通常采用以下几种构造做法,如图 4-11 所示。

（1）抹灰类。采用 20 厚 1∶2 水泥砂浆抹面,水刷石或斩假石,多用于一般建筑。

（2）贴面类。采用面砖、天然石材、人工石材贴面,如花岗石、水磨石板等。其耐久性、装饰效果好,多用于标准较高的建筑。

（3）勒脚处墙体采用强度高、耐久性和防水性好的墙体材料,如毛石、料石、混凝土等。

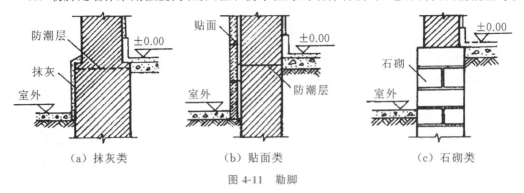

图 4-11　勒脚

4.墙身防潮层

在墙身中设置防潮层的目的是防止土壤中的水分沿基础和墙脚上升,或位于勒脚处的地面水渗入墙内而导致地上部分墙体受潮,以保证建筑的正常使用和安全。因此,必须在内、外脚部位连续设置防潮层,有水平防潮层和垂直防潮层两种形式。

（1）防潮层的位置。

① 水平防潮层。水平防潮层一般在室内地面不透水垫层（如混凝土垫层）厚度范围之内,与地面垫层形成一个封闭的防潮层,通常在-0.060 m 标高处设置,而且至少高于室外地坪 150 mm,以防雨水溅湿墙身。

② 垂直防潮层。当室内地面出现高差或室内地面低于室外地面时,为了保证这两地面之间墙体干燥,除了要分别按高差不同在墙体内设置两道水平防潮层之外,还要在两道水平防潮层的靠土壤一侧设置一道垂直防潮层。墙身防潮层的位置如图 4-12 所示。

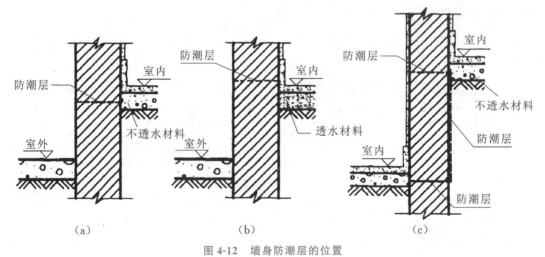

图 4-12　墙身防潮层的位置

（2）防潮层的做法。

防潮层按所用材料的不同,一般有油毡防潮层、砂浆防潮层、细石混凝土防潮层等。

① 油毡防潮层。

油毡防潮层通常是用沥青油毡,在防潮层部位先抹 20 mm 厚的 1∶2 水泥砂浆找平层,然后用沥青粘贴一毡二油。卷材的宽度应比墙体宽 20 mm，搭接长度不小于 100 mm。油毡防潮层具有一定的韧性、延伸性和良好的防潮性能，但不能与砂浆有效地粘结，降低了结构的整体性，对抗震不利，而且卷材的使用年限往往低于建筑的设计使用年限，老化后将失去防潮的作用。因此，卷材防潮层在建筑中已较少采用。

② 砂浆防潮层。

砂浆防潮层是在防潮层部位抹 20 mm 厚掺入防水剂的 1∶2 水泥砂浆，防水剂的掺入量一般为干水泥重量的 3%～5%。砂浆防潮层在实际工程中应用较多，特别适用于抗震地区、独立砖柱和扰动较大的砖砌体中。但砂浆属于刚性材料，易产生裂缝，所以在基础沉降量大或有较大振动的建筑中应慎重使用。

③ 细石混凝土防潮层。

细石混凝土防潮层是在防潮层部位铺设 60 mm 厚 C15 或 C20 细石混凝土，内配 3 ϕ 6 钢筋以抗裂。由于内配钢筋的混凝土密实性和抗裂性好，防水、防潮性强，且与砖砌体结合紧密，整体性好，故适用于整体刚度要求较高的建筑，特别是抗震地区的建筑。防潮层的做法如图 4-13 所示。

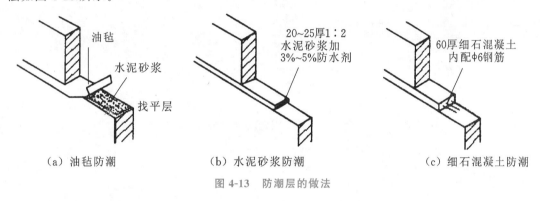

（a）油毡防潮   （b）水泥砂浆防潮   （c）细石混凝土防潮

图 4-13 防潮层的做法

5. 散水与明沟

散水是沿建筑物外墙周边设置的排水坡，散水的作用是将沿外墙和屋面下来的雨水及时排走，以防雨水顺着外墙渗入基础内，侵蚀地基。散水宽度为 600～1000 mm，散水的坡度为 3%～5%，散水外缘高出室外地面 30～50 mm，散水宽度应比檐口挑出宽度宽 200 mm，以保证屋面雨水能落在散水上。散水与外墙交接处应设沉降缝，缝宽 20～30 mm，缝内填沥青砂，用沥青胶嵌缝。散水整体面层纵向距离每隔 6～12 m 做一道伸缩缝，缝宽 20～30 mm，缝内填沥青砂，用沥青胶嵌缝，如图 4-14 所示。

明沟（排水沟）设置在建筑物四周，将屋面落水和地面积水有组织地导向地下排水井，保护外墙基础。明沟一般采用混凝土浇筑，或用砖、石砌筑，沟宽不小于 180 mm，深度不小于 150 mm。为保证排水通畅，沟底应有不小于 1% 的纵向坡度。明沟适用于降雨量较大的南方地区，构造如图 4-15 所示。

6. 墙身加固措施

（1）设置圈梁。

① 设置要求。

圈梁是沿建筑物外墙及部分内墙设置的连续水平闭合的梁，可增强建筑物的空间刚度

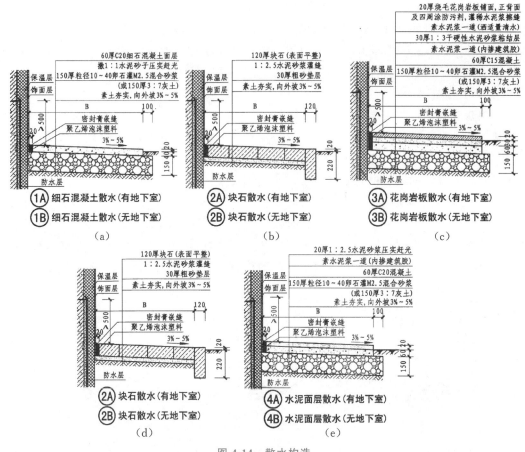

图 4-14　散水构造

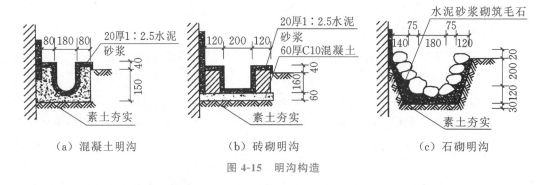

图 4-15　明沟构造

及整体性,增强墙体的稳定性,减少由于地基不均匀沉降而引起的墙身开裂。对于地震设防地区,设置圈梁、构造柱形成骨架,可提高房屋的抗震能力。

②　圈梁的设置位置。

圈梁在建筑中的设置应结合建筑的高度、层数、地基情况和抗震设防要求综合考虑,多层建筑一般隔层设置一道圈梁,地震设防地区,往往要层层设置圈梁。圈梁除了在外墙和承重内纵墙中设置外,还应根据建筑的结构及地震设防要求,每隔 16～32 米在横墙中设置圈梁,以充分发挥圈梁的腰箍作用。圈梁的设置位置如图 4-16 所示。

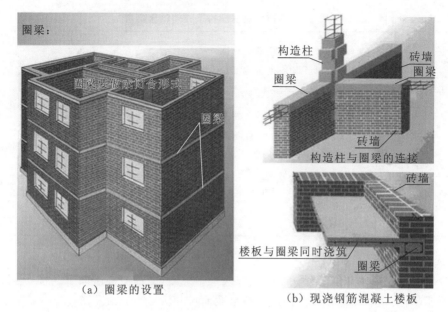

（a）圈梁的设置　　　　（b）现浇钢筋混凝土楼板

图 4-16　圈梁的设置位置

③ 圈梁的构造。

圈梁有钢筋砖圈梁和钢筋混凝土圈梁两种。钢筋砖圈梁就是将前述的钢筋砖过梁沿外墙和部分内墙连通砌筑而成，目前较少使用。钢筋混凝土圈梁的高度应与砖的皮数相配合，一般不小于 120 mm，圈梁的宽度与墙的厚度相同，且不小于 180 mm，圈梁按构造要求配置钢筋，通常纵向钢筋不小于 4 ϕ 10，且要对称布置，箍筋间距不大于 300 mm，圈梁应在同一水平面上连续、封闭，当被门窗洞口截断时，应在洞口上部或下部设置附加圈梁，如图 4-17 所示。圈梁和门窗过梁可统一考虑，可用圈梁代替门窗过梁。

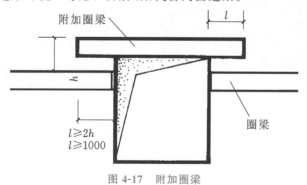

图 4-17　附加圈梁

（2）设置构造柱。

由于砖砌体的整体性差，抗震能力弱，设置构造柱能有效地加强建筑的整体性，是防止房屋倒塌的一种有效措施。构造柱不是承重柱，是从构造角度考虑设置的，构造柱必须与圈梁及墙体紧密相连，从而加强建筑物的整体刚度，提高墙体抗变形的能力。

① 构造柱的设置要求。

由于建筑物的层数和地震烈度不同，构造柱的设置要求也不相同。一般在建筑物四角、内外墙交接处、楼梯、电梯间四角及长墙中部设置。多层砖砌房屋构造柱的设置要求见表 4-3。

表 4-3　多层砖砌房屋构造柱的设置要求

层数				各种层数和烈度均应设置的部位	随层数和烈度变化而增设的部位
6 度	7 度	8 度	9 度		
四、五	三、四	二、三		外墙四角,错层部位,横墙与外纵墙交接处,较大洞口两侧,大房间内外墙交接处	7~9 度时,楼梯、电梯间的横墙与外墙交接处
六~八	五、六	四	二		隔开间横墙(轴线)与外墙交接处;山墙与内纵墙交接处;7~9 度时,楼梯、电梯间的横墙与外墙交接处
	七	五、六	三、四		内墙(轴线)与外墙交接处,内墙局部墙垛较小处,7~9 度时,楼梯、电梯间的横墙与外墙交接处;9 度时内纵墙与横墙(轴线)交接处

② 构造柱的构造。

构造柱下端应锚固在钢筋混凝土基础内或基础梁内,上部与楼层圈梁连接,最上端通到女儿墙顶部,与女儿墙压顶相连。构造柱最小截面尺寸为 240 mm×180 mm,主筋宜用 4φ12 的钢筋,箍筋的间距不大于 250 mm。构造柱与墙的连接处宜砌成马牙槎,并应沿墙高每500 mm 设 2φ6 拉结筋(带弯钩),每边伸入墙内长度不少于 1000 mm。逐段现浇钢筋混凝土构造柱和圈梁,又称先砌墙后浇柱。构造柱的构造如图 4-18 所示。

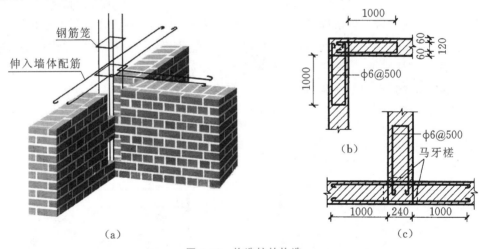

图 4-18　构造柱的构造

4.4　隔墙的构造

4.4.1　隔墙的作用

隔墙是分隔建筑物内部空间的非承重构件,隔墙的重量由楼板或梁承担。所以要求隔墙自重轻,厚度薄,有隔声和防火性能,便于拆卸,浴室、厕所的隔墙能防潮、防水。不到顶的隔墙称为隔断。常用隔墙有块材隔墙、立筋隔墙和板材隔墙三大类。

4.4.2 隔墙的类型与构造

1. 块材隔墙

块材隔墙是用普通黏土砖、空心砖、加气混凝土砌块、粉煤灰砌块等块材砌筑而成,常采用普通砖隔墙和砌块隔墙两种。块材隔墙自重大,现场湿作业量大,但隔声防火效果好。

(1)普通砖隔墙。

普通砖隔墙一般采用1/2砖(120 mm)隔墙。1/2砖墙用普通黏土砖采用全顺式砌筑而成,砌筑砂浆强度等级不低于 M5,由于砌体厚度薄,当长度超过 6 m 时应设置构造柱,确保砌体稳定性。为了保证砖隔墙不承重,在砖墙砌到楼板底或梁底时,将立砖斜砌一皮,或将空隙塞木楔打紧,然后用砂浆填缝。

(2)砌块隔墙。

为减轻隔墙自重,可采用轻质砌块,目前常用加气混凝土砌块、粉煤灰硅酸盐砌块、水泥炉渣空心砖等砌筑墙体,墙厚一般为 90~120 mm。砌块隔墙的加固措施与1/2砖隔墙做法相同。砌块不够整块时宜用普通黏土砖填补。砌块大多具有质轻、孔隙率大、吸水量大、隔热性好等优点,但吸水性强,故在砌筑时先在墙下部实砌 3~5 皮实心砖再砌砌块。砌块隔墙如图 4-19 所示。

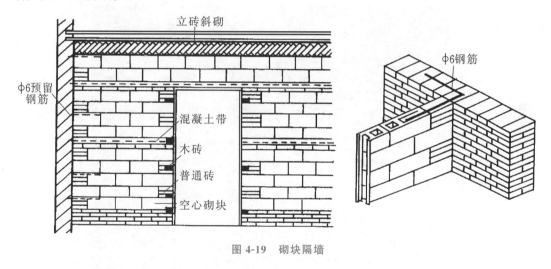

图 4-19 砌块隔墙

2. 立筋隔墙

立筋隔墙由骨架和面板层两部分组成。骨架一般有木骨架、铝合金骨架和薄壁型钢骨架,将面板用钉钉结或用胶粘结在骨架上。面板常用的有板条抹灰、钢丝网抹灰、纸面石膏板、纤维板、隔声板等。立筋隔墙具有自重轻、厚度薄、安装与拆卸方便等特点,在建筑中得到广泛应用,如图 4-20 所示。

(1)板条抹灰隔墙。

板条抹灰隔墙是由上槛、下槛、龙骨、墙筋、斜撑等构件组成的木骨架,在立筋上沿横向钉上板条,然后抹灰而成。板条抹灰隔墙耗费木材多,施工复杂、湿作业多,难以适应建筑工

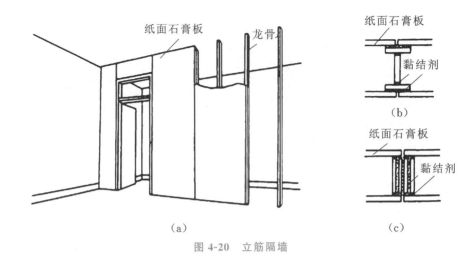

图 4-20　立筋隔墙

业化的要求,目前已经很少采用。

(2)立筋面板隔墙。

立筋面板隔墙是指面板使用石膏板、胶合板、纤维板或其他轻质薄板。石膏板多采用金属骨架,金属骨架通常采用铝合金龙骨,面板可用自攻螺钉或膨胀铆钉固定在骨架上;胶合板、纤维板多采用木骨架,木骨架的做法同板条抹灰隔墙。立筋面板隔墙如图 4-21 所示。

图 4-21　立筋面板隔墙

3.板材隔墙

板材隔墙是采用轻质大型板材直接在现场装配而成的。板材的高度相当于房间净高,不依赖骨架,可直接装配而成。目前常用的板材有石膏空心条板、加气混凝土条板、碳化石灰板、水泥玻璃纤维空心条板等。这种隔墙具有自重轻、装配性好、施工速度快、工业化程度高、防火性能好等特点。条板的长度略小于房间净高,宽度 600～1000 mm,厚度多为 60～

100 mm。板材隔墙构造如图 4-22 所示。

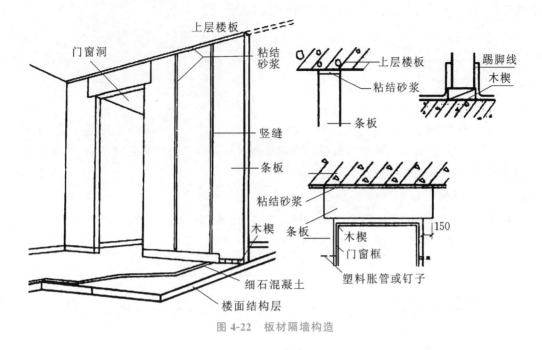

图 4-22　板材隔墙构造

4.5　墙面装饰

4.5.1　墙面装饰的作用

墙面装饰　墙面装饰微课

1. 保护墙体

外墙是建筑的围护构件,经过装饰,可避免墙体直接受到风吹、日晒、雨淋、霜雪、冰雹的袭击,可抵御空气中腐蚀性气体和微生物的破坏作用,增强墙体的坚固性、耐久性,延长墙体的使用年限。内墙虽然没有直接受到外界环境的不利影响,但在某些相对潮湿或酸碱度高的房间中,装饰也能起到保护墙体的作用。

2. 改善墙体的物理性能

增加墙厚或利用饰面层材料的特殊性能,可改善墙体的保温、隔热、隔声等能力。平整、光滑、浅色的内墙面装饰,便于清扫,保持卫生,可增加光线的反射,提高室内照度和采光均匀度。某些声学要求较高的建筑,可利用不同饰面材料所具有的反射声波及吸声的性能,达到控制混响时间、改善室内音质效果。

3. 提高建筑的艺术效果,美化环境

建筑的外观效果主要取决于建筑的体量、形式、比例、尺度、虚实对比等立面设计手法。而外墙的装饰可通过饰面材料的质感、色彩、线形等产生不同的立面装饰效果,丰富建筑的艺术形象。内墙装饰适当结合室内的家具陈设及地面和顶棚的装饰,恰当选用装饰材料和装饰手法,可在不同程度上起到美化室内环境的作用。

4.5.2　墙面装饰的类型

1. 按装饰所处部位分

按装饰所处部位不同,有室外装饰和室内装饰两类。室外装饰要求采用强度高、抗冻性强、耐水性好以及具有抗腐蚀性的材料。室内装饰材料则因室内使用功能不同,要求具有一定的强度、耐水性及耐火性能。

2. 按装饰材料和构造做法分

按装饰材料和构造做法不同,内墙有抹灰类、贴面类、涂刷类、裱糊类、铺钉类,外墙有抹灰类、贴面类、涂刷类、干挂类等。(见表4-4)

表 4-4　墙面装饰类型

类型	室外装饰	室内装饰
抹灰类	水泥砂浆、真石漆、拉毛、水刷石、干粘石、斩假石、喷涂、滚涂等	纸筋灰、麻刀灰、水泥砂浆、混合砂浆、拉毛、拉条等
贴面类	外墙面砖、马赛克、人造石材、天然石材、保温装饰板等	釉面砖、人造石材、天然石材等
涂刷类	外墙乳胶漆、水泥浆、弹涂等	乳胶漆、油漆、水溶性涂料、弹涂、大白浆、石灰浆等
裱糊类		壁纸、墙布等
铺钉类（干挂类）	干挂天然石材、干挂人造石材、干挂金属板材等	各种竹、木制品,塑料板,石膏板,金属新型墙板等
其他类	玻璃幕墙	

4.5.3　墙体装饰构造

1. 抹灰类

抹灰工程分为内抹灰和外抹灰。通常把位于室内各部位的抹灰叫内抹灰,如楼地面、顶棚、内墙面等。把位于室外各部位的抹灰叫外抹灰,如外墙、台阶、坡道、雨棚、阳台、屋面等。

内抹灰主要起保护墙体,改善室内卫生条件,增强光线反射,美化环境的作用。

外抹灰主要起保护墙身不受风、雨、雪的侵蚀,提高墙面防潮、防风化、隔热能力以及提高耐久性等作用,并且是对建筑表面进行艺术处理的措施之一。

抹灰分为一般抹灰和装饰抹灰两类。

(1) 一般抹灰。

一般抹灰有石灰砂浆、混合砂浆、水泥砂浆等。外墙抹灰一般为 20~25 mm,内墙抹灰为 15~20 mm。在构造上和施工时须分层操作,一般分为底层、中层和面层,各层的作用和要求不同。

① 底层抹灰主要起到与基层墙体粘结和初步找平的作用。

② 中层抹灰在于进一步找平以减少打底砂浆层干缩后可能出现的裂纹。

③ 面层抹灰主要起装饰作用,因此要求面层表面平整、无裂痕、颜色均匀。

抹灰按质量及工序要求分为三种标准,见表4-5。

表 4-5 抹灰类三种标准

标准	层次			总厚度/mm	适用范围
	底层	中层	面层		
普通抹灰	1道		1道	≤18	简易宿舍、仓库等
中级抹灰	1道	1道	1道	≤20	住宅、办公楼、学校、旅馆等
高级抹灰	1道	若干	1道	≤25	纪念性建筑(如剧院、展览馆)等

(2)装饰抹灰。

装饰抹灰的做法有水刷石、干粘石、斩假石、水泥拉毛等。装饰抹灰一般是指采用水泥砂浆、混合砂浆等抹灰的基本材料,除对墙面做一般抹灰之外,利用不同的施工操作方法将其直接做成饰面层。下面简单介绍两种装饰抹灰的做法。

① 水刷石构造做法。水刷石饰面是先在底层用12厚1∶3水泥砂浆打底,弹线、安装滴水条,再在上面刷一道素水泥浆,然后抹水泥石砂浆、石渣浆,将石渣层拍平压实,即用刷子刷掉面层水泥至石子外露。此方法应用较早较广,耐久性好但费工费料。

② 拉毛构造做法。拉毛抹灰墙面是装饰性抹灰的一种做法。装饰效果是仿天然石材,具有以假乱真的效果。

拉毛抹灰的面层是用水泥、白灰膏、砂子按1∶1∶6配成混合砂浆。抹在墙面上以后,用竹丝扫帚扫出装饰花纹。施工时应注意分块,分格木条宽度一般为15 mm,嵌入深度为6 mm,分块后的墙面有利于按分块大小横竖交叉扫毛,使表面更有质感。扫毛墙面的厚度为20 mm左右。扫出的条纹要横平、竖直,使其具有天然石材剁斧的纹理。

2.贴面类

贴面类墙面装饰是指将各种天然的或人造的板材通过构造连接成装饰面层,具有强度高、观感好、易清洗等优点。常用的贴面材料可分为三类:天然石材,如花岗岩、大理石等;陶瓷面砖,如瓷砖、陶瓷锦砖等;人造石材,如人造块材等。

下面简单介绍几种贴面类墙体饰面的做法。

(1)陶瓷面砖饰面构造。

墙面贴砖应注意的事项如下。

① 基层处理。

铺贴的墙面必须处理洁净,用水浇湿基层,将湿度控制在30%～70%,如是新墙面,待砂浆干至七成时,就可铺贴瓷砖。

② 瓷砖清洁及浸泡处理。

瓷砖铺贴前需清洗洁净,用清水浸泡直到不冒气泡为止,一般需2小时左右,取出晾干方可铺贴。

③ 水泥砂浆铺贴饱满均匀。

将准备好的砂浆刮在瓷砖反面时,要注意砂浆饱满均匀,控制好基层砂浆厚度。

④ 敲击排气需充沛。

瓷砖铺贴时,假如砂浆厚度不均匀,发生盆地凹陷,与此同时又没有用橡胶锤敲击或敲击不充沛,都可能形成瓷砖空鼓。

⑤ 预留足够的伸缩缝。

瓷砖铺贴时应预留 2～5 mm 的伸缩缝,防止热胀冷缩发生相挤致使瓷砖鼓起脱落。

(2) 陶瓷锦砖饰面构造。

陶瓷锦砖也称马赛克,有陶瓷锦砖和玻璃锦砖之分。它的尺寸较小,根据其花色品种,可拼成各种花纹图案。铺贴时先按设计的图案将小块材正面向下贴在牛皮纸上,规格有 305 mm×305 mm、325 mm×325 mm 等,然后牛皮纸面向外,用 1∶1 水泥细砂浆将马赛克贴于饰面基层上,用木板压平,待半凝后将纸洗掉,同时修整饰面即可。

(3) 天然石材和人造石材饰面构造。

常见的天然石材有花岗石、大理石等,具有强度高、结构密实、耐久性好等特点,多用于高级装饰;常见的人造石材有树脂型人造石板、复合型人造石板、水泥型人造石板、烧结型人造石板。

3. 涂刷类

涂刷类饰面是指将建筑涂料涂刷于墙基表面并与之很好粘结,形成完整而牢固的膜层,对墙体起到保护和装饰作用。这种装饰具有施工简单、工期短、自重轻、造价低等特点。涂料可以配成任何需要的颜色,因而在建筑中得到广泛应用。

(1) 涂料类饰面。

建筑涂料的种类很多,按成膜物质可分为有机系涂料、无机系涂料、有机无机复合涂料。按建筑涂料的分散介质可分为溶剂型涂料、水溶性涂料、水乳型涂料(乳液型)。按建筑涂料的功能分类,可分为装饰涂料、防火涂料、防水涂料、防腐涂料、防霉涂料、防结露涂料等。按涂料的厚度和质感可分为薄质涂料、厚质涂料、复层涂料等。

(2) 油漆类饰面。

油漆涂料是由黏结剂、颜料、溶剂和催干剂组成的混合剂。油漆涂料在材料表面干结成膜(漆膜),使之与外界空气、水分隔绝,从而起到防潮、防锈、防腐等保护作用。漆膜表面光洁、美观、光滑,改善了卫生条件,增强了装饰效果。常用的油漆涂料有调和漆、清漆、防锈漆等。

4. 裱糊类

裱糊类墙面装饰是指将墙纸、墙布、锦缎等饰面装饰材料裱糊在墙面上形成装饰面层。裱糊类墙体饰面装饰性强,造价较经济,施工方法简便、效率高,饰面材料更换方便,在曲面和墙面转折处粘贴可以获得连续的饰面效果。

(1) 裱糊墙面的基层处理。

裱糊类饰面在施工前要对基层进行处理。处理后的基层应坚实牢固,表面平整光洁,线脚通畅顺直,不起尘,无砂粒和孔洞,同时应使基层保持干燥。处理方法为:在基层表面满刷一遍按 1∶0.5～1∶1 稀释的 107 胶水。

(2) 裱糊墙面的饰面材料。

裱糊类墙面的饰面材料种类很多,常用的有墙纸、墙布、锦缎、皮革、薄木等。锦缎、皮革和薄木裱糊墙面属于高级室内装修,用于室内使用要求较高的场所。这里主要介绍墙纸和墙布裱糊的施工及接缝处理:墙纸或墙布在施工前要先做浸水或润水处理,使其发生自由膨胀变形。裱糊的顺序为先上后下、先高后低。相邻面材可在接缝处使两幅材料重叠20 mm,用工具刀沿钢直尺进行裁切,然后将多余部分揭去,再用刮板刮平接缝。当饰面有拼花要求时,应使花纹重叠搭接。

5. 铺钉类

铺钉类墙面是在抹灰的基础上钉骨架,再在骨架上铺贴面板,板材贴面常以夹心板、密度板或其他木质板材做衬板,其上贴装饰面板,然后再施涂料。

面板可采用天然木板或各种人造薄板以及硬木板、胶合板、纤维板、石膏板等,近年来金属面板应用日益广泛。常见的构造方法如下。

（1）木质贴面板墙面。

木质贴面板墙面是一种高级建筑装饰材料,利用珍贵树种,通过精密刨切,制得厚度0.2～0.5 mm的微薄木片,以胶合板为基材,采用粘结工艺制成。其优点是安装方便,具有天然的纹理,美观华丽,让人有种回归大自然的感觉。但防火、防潮性能欠佳,一般多用于宾馆、大型公共建筑的门厅以及大厅墙面的装修。

（2）金属薄板墙面。

金属薄板墙面是指利用薄钢板、不锈钢板、铝板或铝合金板作为墙面装修材料。金属板材具有耐久性能好、坚固、质轻、易拆卸等特点,并且精密、轻盈,风格简洁,独具艺术风韵。金属外墙板一般悬挂在承重骨架或外墙上,施工方法多为预制装配,由于其节点构造复杂,施工精度要求高,故必须有完备的工具和经过培训有经验的工人才能完成操作。

6. 幕墙类

幕墙是建筑的外墙围护构件,不承重,是现代大型和高层建筑常用的带有装饰效果的轻质墙体。幕墙由面板和支承结构体系组成,相对主体结构有一定的位移能力。幕墙按幕墙面材料可分为玻璃幕墙、金属幕墙、石材幕墙等。玻璃幕墙是一种美观新颖的装饰方法,具有现代主义高层建筑时代的显著特征。金属幕墙、石材幕墙多采用干挂的构造方式。

（1）玻璃幕墙。

玻璃幕墙按玻璃镶嵌方式可分为明框玻璃幕墙、隐框玻璃幕墙、半隐框玻璃幕墙、全玻璃幕墙等。

明框玻璃幕墙是指金属框架构件显露在外表面的玻璃幕墙。它是最传统的玻璃幕墙形式,玻璃采用镶嵌或压扣等机械方式镶嵌在铝框内,成为四边有铝框的幕墙构件,幕墙构件镶嵌在横梁上,形成横梁立柱外露、铝框分格明显的立面。明框玻璃幕墙工作性能可靠,使用寿命长,表面分格明显。

隐框玻璃幕墙的玻璃用硅酮密封胶固定在金属框上,所以玻璃表面没有框料明露,同时隐框玻璃幕墙均采用镀膜玻璃,由于镀膜玻璃具有单向透像的特性,从外侧看不到框料,达到隐框的效果。

半隐框玻璃幕墙结合以上两种幕墙的特点,可以是横明竖隐,也可以是竖明横隐。根据立面的需要,选择隐藏的幕墙框架。如要强调竖向立面线条,可把横向框架隐藏在玻璃幕墙后面,即竖明横隐。

全玻璃幕墙是大片玻璃与支承框架均为玻璃的幕墙,又称玻璃框架玻璃幕墙。它是一种全透明、宽视野的玻璃幕墙,由于它透明、轻盈、空间渗透强,适用于大的公共建筑,目前正广泛地应用于展览大厅、候机室、建筑的大堂、采光顶和大门入口天棚等。全玻璃幕墙的连接是以高强黏结胶将玻璃连接成整片墙。玻璃幕墙构造如图 4-23 所示。

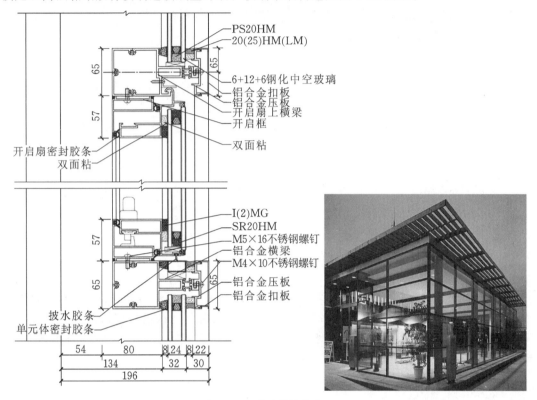

图 4-23　玻璃幕墙构造

（2）石材幕墙。

干挂石材的施工方法是用一组高强耐腐蚀的金属连接件,将饰面石材与结构可靠地连接。外墙干挂花岗岩工法特点是：①将螺栓铆固于装饰面结构上,作为花岗岩干挂施工的基础点；②利用型钢与螺栓的焊接,将各铆点连接起来形成干挂石材装饰面的骨架；③在干挂接点处安装挂件；④进行石材的打孔、开槽、安装和密封。干挂花岗岩构造如图 4-24 所示。

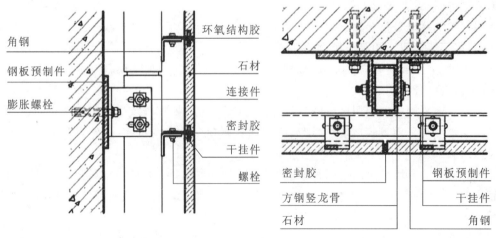

图 4-24　干挂花岗岩构造

复习思考题

一、填空题

1.标准黏土砖的规格为(　　　　　　　)。

2.常见的门窗过梁形式有(　　)、(　　)、(　　)三种。

3.圈梁一般采用钢筋混凝土材料现场浇筑,混凝土强度等级不低于(　　　　)。

4.外墙与室外地坪接触的部分叫(　　　　)。

二、判断题

1.圈梁是均匀地卧在墙上的闭合的梁。(　　　)

2.钢筋混凝土过梁的断面尺寸是由荷载的计算来确定的。(　　　　)

3.构造柱属于承重构件,同时对建筑物起到抗震加固作用。(　　　　)

4.墙体的强度与墙体所使用的材料无关。(　　　)

三、选择题

1.墙体按受力情况可分为(　　　)。

A.纵墙和横墙　　　　　　　　　　　　B.承重墙和非承重墙

C.内墙和外墙　　　　　　　　　　　　D.空体墙和实体墙

2.在墙体设计中,构造柱的最小尺寸为(　　　)。

A.180 mm×180 mm　　　　　　　　B.180 mm×240 mm

C.240 mm×240 mm　　　　　　　　D.370 mm×370 mm

3.下列做法不是墙体加固措施的是(　　　)。

A.当墙体长度超过一定限度时,在墙体局部位置增设壁柱

B.设置圈梁

C.设置钢筋混凝土构造柱

D.在墙体适当位置用砌块砌筑

4.散水的宽度应大于房屋挑檐宽(　　　)。

A.300 mm　　　　　　B.600 mm　　　　　　C.200 mm　　　　　　D.500 mm

5.如果室内地面面层和垫层均为不透水性材料,其防潮层应设置在(　　　)。

A.室内地坪以下 60 mm　　　　　　　B.室内地坪以上 60 mm

C.室内地坪以下 120 mm　　　　　　D.室内地坪以上 120 mm

6.勒脚是墙身接近室外地面的部分,常用的材料为(　　　)。

A.混合砂浆　　　　B.水泥砂浆　　　　C.纸筋灰　　　　D.膨胀珍珠岩

7.散水宽度一般应为(　　　)。

A.600～1000 mm　　　　　　　　　　B.800～1200 mm

C.900～1500 mm　　　　　　　　　　D.1200～2000 mm

8.圈梁的设置主要是为了(　　　)。

A.提高建筑物的整体性、抵抗地震力　　B.承受竖向荷载

C.便于砌筑墙体　　　　　　　　　　　D.建筑设计需要

9.为了防止墙身受潮,建筑底层室内地面应高于室外设计地面(　　　)以上。

A.150 mm　　　　　　B.300 mm　　　　　　C.450 mm　　　　　　D.600 mm

10.横墙承重一般不用于(　　　)。

A.宿舍　　　　　　　B.教学楼　　　　　　C.办公楼　　　　　　D.旅馆

11.在墙体中设置构造柱时,构造柱中的拉结钢筋每边伸入墙内应不小于(　　　)。

A.1000 mm　　　　　B.500 mm　　　　　　C.100 mm　　　　　　D.200 mm

四、简答题

1.简述墙体的设计要求。

2.简述墙体的承重方案有几种,说出它们的优缺点。

3.简述砖墙的组砌原则,组砌方式有哪些?

4.常见勒脚的构造做法有哪些?

5.简述墙体防潮层的作用、常用的做法和设置的位置。

6.简述散水的作用及构造层次(绘简图说明)。

7.门窗过梁主要有哪几种?它们的适用范围和构造特点分别是什么?

8.圈梁的作用是什么?一般设置在什么位置?

9.构造柱的作用是什么?有哪些构造要求?

10.常用的墙面装饰有哪些类型?它们各自的特点和构造做法是什么?

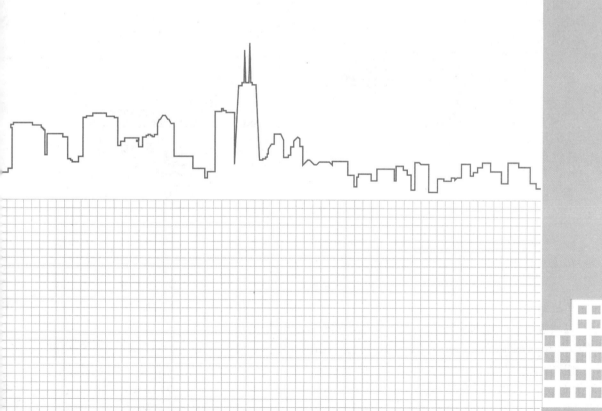

学习项目 **5**

楼地层

5.1　楼地层的构造组成、类型及设计要求

楼地层是分隔建筑空间的水平构件,包括楼板层和地坪层。它的主要作用是承受人、家具、设备等活荷载及自重,并将这些荷载传递给墙或柱。地坪层是建筑物最底层房间与土壤接触部分。楼板层对墙或柱有水平支承作用,可提高房屋刚度和整体性。

楼层的构造组成、
类型及设计要求

5.1.1　楼地层的构造组成

1. 楼板层的构造组成

楼板层一般由面层、结构层和顶棚层组成,根据需要可以设置附加层,各层所起的作用不同。楼板层的构造组成如图 5-1 所示。

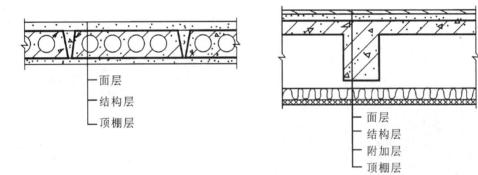

图 5-1　楼板层的构造组成

(1)面层:位于楼板层的最上层,又称楼面,直接与人、家具设备接触,起着保护结构层、传递荷载的作用,同时可以美化室内环境。

(2)结构层。结构层位于面层和顶棚层之间,是楼板层的承重构件,也称楼板。可以是单板结构也可以是板梁结构。主要作用是承受楼板层荷载并将其传递给墙或柱,同时还可以增强墙体刚度和稳定性。并对楼板层的隔声、防火等起主要作用。

(3)附加层。附加层通常设置在面层和结构层之间,或结构层和顶棚之间,主要有隔声层、防水层、保温层、隔热层等类型。附加层是为满足特定功能设置的构造层,也称功能层。

(4)顶棚层。顶棚层是楼板层下表面的构造层,又称天花或天棚,有直接式顶棚和吊顶式顶棚两种类型。顶棚层既能保护楼板又能美化室内空间,同时还能满足铺设管线的要求。

2.地坪层的构造组成

地坪层一般由面层、垫层和基层组成。对有特殊要求的地层,可在面层与垫层之间增设附加层。地坪层构造组成如图5-2所示。

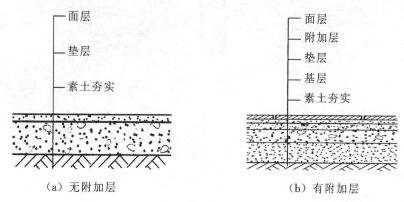

（a）无附加层　　　　　　　　　　（b）有附加层

图 5-2　地坪层的构造组成

（1）面层。面层又称室内地面,是人、家具、设备等直接接触的部分,起着保护垫层和室内装饰作用。根据使用和装饰要求,面层有多种做法。

（2）垫层。垫层是地坪层的结构层,一般起传递荷载和找平作用。通常用 C15 混凝土垫层,垫层厚度一般为 80~100 mm。

（3）基层。基层位于垫层之下,是地层的承重层。当土壤条件较好或地层上荷载不大时,一般采用原土夯实或填土分层夯实。当地层上荷载较大或土壤条件较差时,可在夯实的土层上再铺设碎石或三合土层,来提高基层的承载能力。

（4）附加层。附加层是为满足建筑物某些特殊要求而设置的构造层,如保温层、防水层、防潮层及埋置管线层等。

5.1.2　楼板的类型

楼板按使用材料不同,可分为木楼板、砖拱楼板、钢筋混凝土楼板和压型钢板组合楼板四种类型。楼板的四种类型如图5-3所示。

（1）木楼板。木楼板自重轻、保温隔热性能好、舒适、有弹性,在木材产地采用较多,但耐火性和耐久性均较差,且造价偏高,为节约木材和满足防火要求,现采用较少。

（2）砖拱楼板。这种楼板采用钢筋混凝土倒 T 形梁密排,其间填以普通黏土砖或特制的拱壳砖砌筑成拱形,故称为砖拱楼板。这种楼板虽比钢筋混凝土楼板节省钢筋和水泥,但是自重大,抗震性能差,现在基本属于淘汰类型,很少使用。

（3）钢筋混凝土楼板。钢筋混凝土楼板强度高、刚度好、耐火性和耐久性好,具有良好的可塑性,便于工业化生产,目前应用最广泛。按其施工方法不同,可分为现浇式、预制装配式和装配整体式三种。

（4）压型钢板组合楼板。压型钢板组合楼板是以压型钢板与混凝土浇筑在一起构成的整体式楼板,压型钢板在下部起到现浇混凝土的模板作用,同时由于在压型钢板上加肋或压出凹槽,能与混凝土共同工作,起到配筋作用。

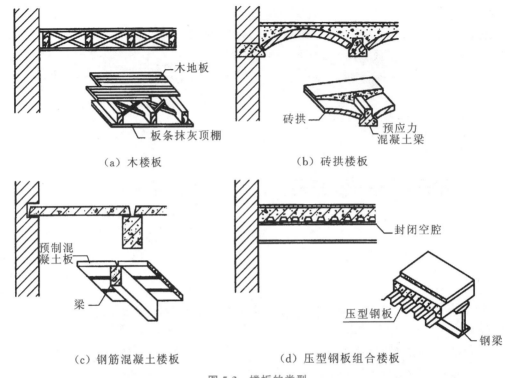

(a) 木楼板   (b) 砖拱楼板

(c) 钢筋混凝土楼板   (d) 压型钢板组合楼板

图 5-3 楼板的类型

5.1.3 楼板层的设计要求

1. 具有足够的强度和刚度

楼板层承受着自重和作用在其上的各种荷载,因此要求楼板层具有一定的强度,保证其在自重和活荷载作用下安全可靠,不发生任何破坏。为了保证建筑物正常使用,楼板层应有一定的刚度,保证楼板在正常使用情况下不发生过大的挠度。结构规范规定楼板的允许挠度不大于跨度的 $1/250$,可用板的最小厚度($1/40L \sim 1/35L$)来保证其刚度。

2. 具有一定的隔声能力

不同使用性质的房间对隔声的要求不同,如我国对住宅楼板的隔声标准中规定:一级隔声标准为 65 dB,二级隔声标准为 75 dB 等。楼板主要是隔绝固体传声,如人的脚步声、拖动家具、敲击楼板等都属于固体传声,防止固体传声可采取以下措施。

(1)在楼板表面铺设地毯、橡胶、塑料毡等柔性材料。

(2)在楼板与面层之间加弹性垫层以降低楼板的振动,即"浮筑式楼板"。

(3)在楼板下加设吊顶,使固体噪声不直接传入下层空间。

3. 具有一定的防火能力

不同耐火等级的建筑楼板应按建筑设计防火规范要求,保证在火灾发生时,在一定时间内不至于是因楼板塌陷而给生命和财产带来损失。

4. 具有防潮、防水能力

对于有水侵蚀的房间,如厨房、卫生间、浴室、厕所等,楼板层都应做防潮、防水处理,防止发生渗漏,影响相邻空间使用和建筑物的耐久性。

5. 满足各种管线的设置

现代建筑中各种服务设备日趋完善,家电更加普及。有更多的管线将通过楼板层敷设。为保证室内布置更加灵活,空间使用更加完整,在楼板层设计中,必须考虑各种设备管线的铺设要求。

5.2　钢筋混凝土楼板

钢筋混凝土楼板按施工方式不同,有现浇整体式钢筋混凝土楼板、预制装配式钢筋混凝土楼板和装配整体式钢筋混凝土楼板三种类型。

5.2.1　现浇整体式钢筋混凝土楼板

钢筋混凝土楼板　　钢筋混凝土楼板微课

现浇整体式钢筋混凝土楼板是在施工现场经过支模、扎筋、浇注混凝土等施工工序整体浇筑成型的楼板。由于楼板为整体浇注成型的构件,结构的整体性强、刚度大、抗震能力好,但现场湿作业量大,施工速度较慢,工期较长。主要适用于整体性要求较高的建筑、平面布置不规则的房间、有较多管道穿越的楼面及防水要求较高的建筑。随着建筑的高质量发展,以及施工技术的不断革新和工具式金属模板的使用,现浇钢筋混凝土楼板的应用越来越广泛。

现浇钢筋混凝土楼板按其结构类型不同,可分为板式楼板、肋形楼板、井式楼板、无梁楼板和压型钢板组合楼板。

1. 板式楼板

将楼板现浇成一块平板,并直接支承在墙上,这种楼板称为板式楼板。板式楼板底面平整,便于支模施工,是最简单的一种形式,适用于平面尺寸较小的房间(如住宅中的厨房、卫生间等)以及公共建筑的走廊。

楼板按其受力特点和支撑情况分为单向板和双向板。当板的长边尺寸 L_2 与短边尺寸 L_1 之比 $L_2/L_1 > 2$ 时,在荷载作用下,楼板基本上只在 L_1 方向上挠曲变形,而在 L_2 方向上的挠曲很小,这表明荷载基本沿 L_1 方向传递,称为单向板,如图 5-4(a)所示;当 $L_2/L_1 \leqslant 2$ 时,楼板在两个方向都挠曲,即荷载沿两个方向传递,称为双向板,如图 5-4(b)所示。

2. 肋形楼板

当房间的平面尺寸较大时,若仍采用板式楼板,会因板跨较大而增加板厚,使材料用量增多,板的自重加大。建筑物中广泛采用肋形楼板,又称梁板式楼板,分为单向板肋形楼板和双向板肋形楼板两种。

单向板肋形楼板由板、次梁、主梁组成,如图 5-5 所示。荷载按照板→次梁→主梁→柱

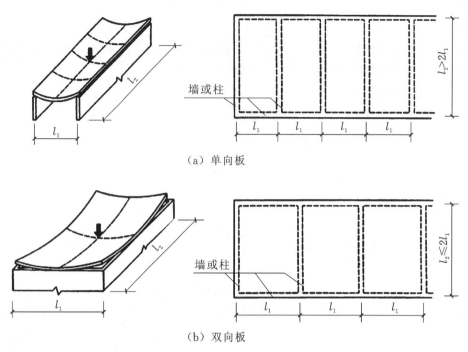

（a）单向板

（b）双向板

图 5-4　楼板的传力方式

（墙体）的路线向下传递。单向板肋形楼板的主梁通常布置在房屋的短跨方向,次梁垂直于主梁并支承在主梁上,板支承在次梁上。主梁的跨度一般是 5～8 m,最大可以达到 12 m,次梁比主梁的截面尺寸小,跨度一般是 4～6 m,板的跨度一般是 1.7～2.5 m。《混凝土结构设计规范》(GB 50010—2010)(2015 年版)规定了现浇钢筋混凝土板的最小厚度。

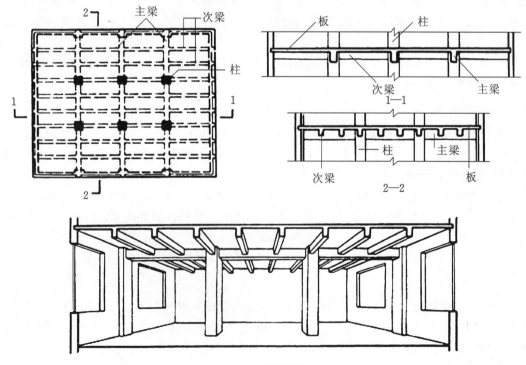

图 5-5　肋形楼板

双向板肋形楼板的受力合理,材料利用更充分,顶棚较美观,但容易在板的角部区域出现裂缝,当楼板的跨度较大时,板厚也较大,经济性差,因此其一般用在跨度小的建筑物中,如住宅、旅馆等。

3. 井式楼板

井式楼板是肋形楼板的一种特殊布置形式,当房间的开间、进深在 10 m 以上且两个方向的尺寸比较接近时,可将两个方向的梁等间距布置,梁的截面高度相同,不分主次,形成井式肋形楼板,荷载传递路线为板→梁→柱(或墙体),如图 5-6 所示。井式楼板的跨度一般为 6～10 m,板厚为 70～80 mm,井格边长一般在 2.5 m 以内。井格可布置成正交正放、正交斜放。井式楼板的顶棚规整,具有良好的装饰效果,在公共建筑门厅和大厅中广泛使用。

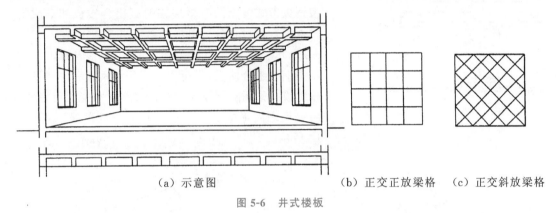

（a）示意图　　　　　　　（b）正交正放梁格　（c）正交斜放梁格

图 5-6　井式楼板

4. 无梁楼板

无梁楼板是将楼板直接支承在柱子上面而不设梁的楼板形式,如图 5-7 所示。这种楼板净空高度大,通风效果好,施工简单,可用于尺寸较大房间和门厅等,如商店、阅览室、展览馆等。无梁楼板分为无柱帽和有柱帽两种类型,当楼板荷载较大时,为了扩大柱子的支承面积,通常采用有柱帽无梁楼板。当楼板荷载较小时,可采用无柱帽无梁楼板。

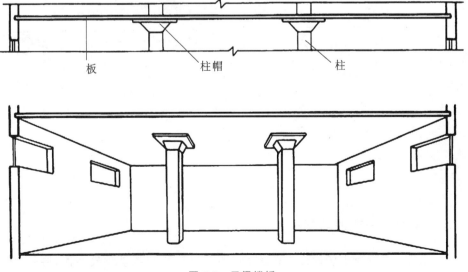

板　　　　　　柱帽　　　　　　柱

图 5-7　无梁楼板

5. 压型钢板组合楼板

压型钢板组合楼板是以压型钢板与混凝土浇筑在一起构成的整体式楼板,压型钢板在下部起到现浇混凝土的模板作用,同时由于在压型钢板上加肋或压出凹槽,能与混凝土共同工作,起到配筋作用。

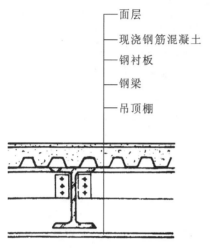

图 5-8　压型钢板组合楼板的组成

压型钢板混凝土组合楼板主要由楼面层、组合板和钢梁三部分组成。组合板包括混凝土和钢衬板,此外还可根据需要设置吊顶棚,如图 5-8 所示。

压型钢板混凝土组合楼板构造形式较多,根据压型钢板形式的不同有单层钢衬板组合楼板和双层钢衬板组合楼板之分。单层钢衬板组合楼板构造,如图 5-9 所示。双层压型钢板通常是由两层截面相同的压型钢板组合而成,也可由一层压型钢板和一层平钢板组成。采用双层压型钢板的楼板承载能力更好,两层钢板之间形成的空腔便于设备管线敷设,如图 5-10 所示。

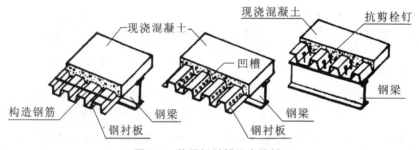

图 5-9　单层钢衬板组合楼板

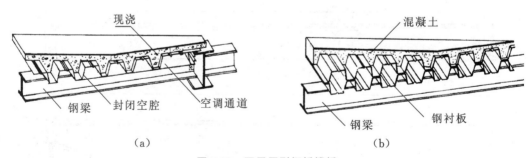

（a）　　　　　　　　　　　　　　　　（b）

图 5-10　双层压型钢板楼板

5.2.2　预制装配式钢筋混凝土楼板

预制装配式钢筋混凝土楼板是指在预制构件厂或施工现场外预先制作,然后运到施工现场装配而成的楼板。这种楼板可节省模板,改善劳动条件,提高劳动生产率,加快施工进度,缩短工期,施工不受季节限制。同时提高了工厂化的水平,有利于实现建筑工业化。但楼板的整体性较差,不宜用在抗震设防要求较高的地区和建筑中。

预制装配式钢筋混凝土楼板按板的应力状况可分为预应力构件和非预应力构件两种。预应力构件与非预应力构件相比,可推迟裂缝的出现和限制裂缝的开展,并且节省钢材30%~50%,节约混凝土10%~30%,可以减轻自重,降低造价。

1.预制装配式钢筋混凝土楼板的类型

常用的预制装配式钢筋混凝土楼板类型有实心平板、槽形板、空心板三种。

(1)实心平板。预制实心平板跨度较小,上下表面平整,制作简单,隔声效果较差,一般用于跨度较小的房间或走廊。

实心平板的两端支承在墙或梁上,其跨度一般不超过 2.4 m,板宽多为 600~900 mm,板厚可取跨度的 1/30,常用 60~80 mm,如图 5-11 所示。

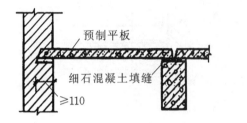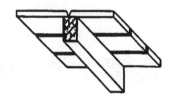

图 5-11　实心平板

(2)槽形板。槽形板是一种梁板结合的构件,由板和肋组成,肋设于板的两侧,相当于小梁,以承受板的荷载。为了提高板的刚度和便于板的搁置,通常在板的两端设端肋封闭。对于跨度较大的板,为了提高板的刚度,还在板的中部增设横肋,板的跨度大于 6 m 时,每500~700 mm 设置一道横肋。槽形板有预应力和非预应力两种。

由于楼面的荷载主要由板两侧的肋来承担,故槽形板的厚度较小,而跨度可以较大。特别是预应力板,一般槽形板的板厚为 25~30 mm,肋高为 150~300 mm,板宽为 600~1200 mm,板跨为 3~6 m。

槽形板的搁置方式有两种:正置和倒置。正置的槽形板,肋向下搁置,这种搁置方式,板的受力合理,但板底不平整,美观性不好,通常需要设置吊顶来解决美观和隔声等问题。对于观瞻要求不高的房间,也可直接采用正置的槽形板,不设吊顶。如图 5-12(a)所示。反置的槽形板,肋向上搁置。这种搁置方式可使板底平整,但板受力不合理,板面需要另做面层。为提高板的隔声效果,可在槽内填充隔声材料,如图 5-12(b)所示。

(3)空心板。钢筋混凝土楼板属受弯构件,楼面荷载作用后,板截面上部受压、下部受拉,中和轴附近应力较小,为节省混凝土、减轻楼板自重,将楼板中部沿纵向抽孔而形成空心板。孔的断面形式可以是圆形、方形和长方形等,基本上采用圆孔板,空心板有预应力和非预应力之分,一般多采用预应力空心板。

空心板上下表面平整,隔声效果较实心平板和槽形板好,是预制板中应用最广泛的一种类型。空心板在安装时,两端用砂浆块或混凝土块填塞,能使荷载更好地传递给下面的构件,避免局部被压坏。

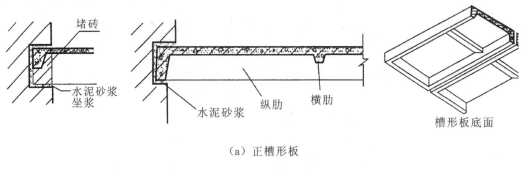

（a）正槽形板

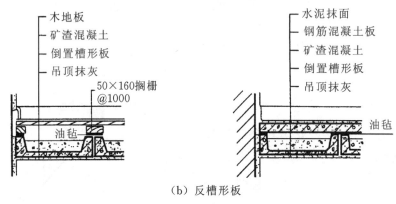

（b）反槽形板

图 5-12 槽形板

空心板的厚度一般为 110~240 mm，视板的跨度而定，宽度为 600~1200 mm，跨度为 2.4~7.2 m，较为经济的跨度为 2.4~4.2 m，空心板如图 5-13 所示。

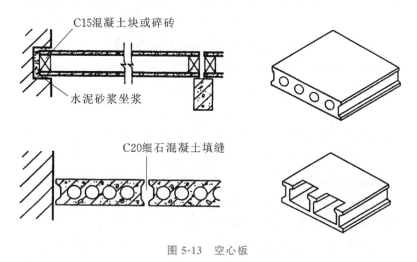

图 5-13 空心板

2. 预制装配式钢筋混凝土楼板的结构布置与细部构造

（1）预制板的布置。

预制板的结构布置应根据房间的开间与进深来确定，支承方式有板式布置和梁板式布置两种。当房间开间、进深不大时，可将板支承在墙上，称为板式布置，例如住宅、宿舍等。当房间开间、进深较大时，可将板支承在梁上，梁支承在墙上或柱上，称为梁板式布置，例如

教学楼、实验楼等。（见图 5-14）

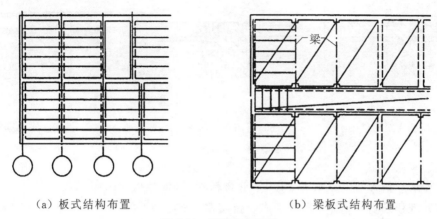

（a）板式结构布置　　　　　　　　（b）梁板式结构布置

图 5-14　板的结构布置

在进行板的布置时，一般要求板的规格、类型愈少愈好，如果板的规格过多，不仅给板的制作增加麻烦，而且施工也较复杂，甚至容易搞错。为不改变板的受力状况，在板的布置时应避免出现三边支承的情况，如图 5-15 所示。

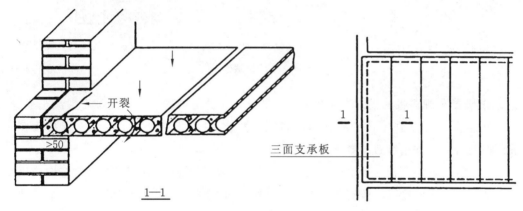

图 5-15　三边支承的板

（2）板的细部构造。

① 板的搁置要求。当板搁置在墙上、梁上时，支承长度不小于 80 mm、60 mm。在地震地区，板的端部伸入外墙、内墙和梁的长度分别不小于 120 mm、100 mm、80 mm。在板安装时，为使墙体与板有较好的连接，先在墙上铺设 10～20 mm 厚的水泥砂浆，即坐浆。板端缝内须用细石混凝土或水泥砂浆灌实。若采用空心板，在板安装前，应在板的两端用砖块或混凝土堵孔，以防板端在搁置处被压坏，同时也可避免板缝灌浆时混凝土流入孔内。

板在梁上的搁置方式有两种：一种是搁置在梁的顶面，例如矩形梁，如图 5-16（a）所示；另一种是搁置在梁出挑的翼缘上，例如花篮梁，如图 5-16（b）所示；十字梁如图 5-16（c）所示。

第二种搁置方式，板的上表面与梁的顶面相平齐，若梁高不变，楼板结构所占的高度就比前一种搁置方式小一个板厚，使室内的净空高度增加。但应注意板的跨度并非梁的中心距，而是减去梁顶面宽度之后的尺寸。板搁置在梁上的构造要求和做法与搁置在墙上时基本相同,只是板在梁上的搁置长度应不小于 60 mm。

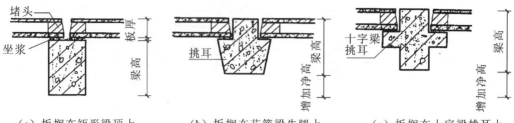

（a）板搁在矩形梁顶上 　　（b）板搁在花篮梁牛腿上 　　（c）板搁在十字梁挑耳上

图 5-16　板的搁置方式

为了增加建筑物的整体刚度,可用钢筋将板与墙、板与板或板与梁之间进行拉结,拉结钢筋的配置视建筑物对整体刚度的要求及抗震要求而定,如图 5-17 为板的拉结构造。

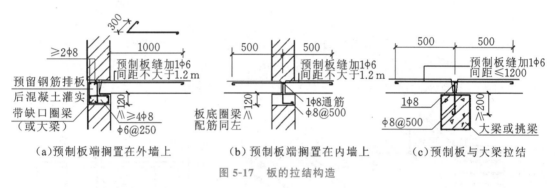

（a）预制板端搁置在外墙上 　　（b）预制板端搁置在内墙上 　　（c）预制板与大梁拉结

图 5-17　板的拉结构造

② 板缝的处理。板的接缝有端缝和侧缝之分。端缝的处理一般是用细石混凝土灌缝,使之相互连接,为了增强建筑物的整体性和抗震性能,可将板端外露的钢筋交错搭接在一起,或加钢筋网片,并用细石混凝土灌实。

板的侧缝起着协调板与板之间共同工作的作用,为了加强楼板的整体性,侧缝内应用细石混凝土灌实。板的侧缝一般有 V 形缝、U 形缝和凹槽缝三种形式,V 形缝和 U 形缝便于灌缝,但易开裂,连接不够牢靠,多在板较薄时采用;凹槽缝连接牢固,楼板整体性好,相邻的板之间共同工作的效果较好,但灌浆捣实较困难,如图 5-18 所示。

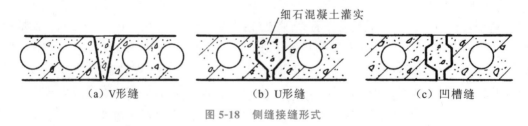

（a）V形缝 　　　　　　（b）U形缝 　　　　　　（c）凹槽缝

图 5-18　侧缝接缝形式

在布置房间楼板时,板宽方向的尺寸(即板的宽度之和)与房间的平面尺寸之间可能会出现差额,即不足以排开一块板的缝隙。当缝隙小于 60 mm 时,可调节板缝使其≤30 mm,灌 C20 细石混凝土;当缝隙在 60~120 mm 之间时,可在灌缝的混凝土中加配 2φ6 通长钢筋;当缝隙在 120~200 mm 之间时,现浇钢筋混凝土板带,且将板带设在墙边或有穿管的部位;当缝隙大于 200 mm 时,调整板的规格。

③ 楼板与隔墙。在楼板上需设置隔墙时,宜采用轻质隔墙,由于自重轻,可搁置于楼板的任一位置。若为自重较大的隔墙,例如砖隔墙、砌块隔墙等,则应避免将隔墙搁置在一块板上。当隔墙与板跨平行时,通常将隔墙设置在两块板的接缝处;采用槽形板的楼板,隔墙可直接搁置在板的纵肋上,如图 5-19(a)所示;若采用空心板,须在隔墙下的板缝处设现浇钢筋混凝土板带或梁来支承隔墙,如图 5-19(b)、(c)所示。当隔墙与板跨垂直时,应通过结构计算选择合适的预制板型号,并在板面加配构造钢筋,如图 5-19(d)所示。

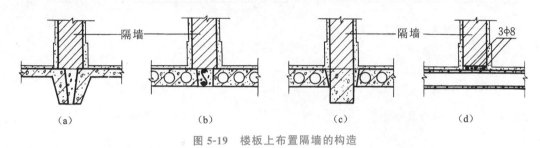

图 5-19 楼板上布置隔墙的构造

5.2.3 装配整体式钢筋混凝土楼板

装配整体式钢筋混凝土楼板是先将楼板中的部分构件预制,在现场进行安装,再浇筑另一部分连接成一个整体的楼板。这种楼板的整体性较好,兼有预制板和现浇板的优点。装配整体式钢筋混凝土楼板有叠合楼板和密肋填充块楼板两种。

1. 叠合楼板

叠合楼板是由预制板和现浇钢筋混凝土层叠合而成的装配整体式楼板。预制板既是楼板结构的组成部分,又是现浇钢筋混凝土叠合层的永久性模板,现浇叠合层内可敷设水平设备管线。叠合楼板整体性好,刚度大,可节省模板,而且板的上下表面平整,便于饰面层装修,适用于对整体刚度要求较高的高层建筑和大开间建筑,如图 5-20 所示。

2. 密肋填充块楼板

密肋填充块楼板是采用间距较小的密肋小梁做承重构件,小梁之间用轻质砌块填充,并在上面整浇面层而形成的楼板。密肋小梁有现浇和预制两种。

现浇密肋填充块楼板是以陶土空心砖、矿渣混凝土空心块等作为肋间填充块来现浇密肋和面板而成。填充块与肋和面板相接触的部位带有凹槽,用来与现浇的肋、板咬接,加强楼板的整体性。肋的间距一般为 300~600 mm,面板的厚度一般为 40~50 mm,如图 5-21(a)所示。

预制小梁填充块楼板的小梁采用预制倒 T 形断面混凝土梁,在小梁之间填充陶土空心砖、矿渣混凝土空心块、煤渣空心砖等填充块,上面现浇混凝土面层而成,如图 5-21(b)所示。

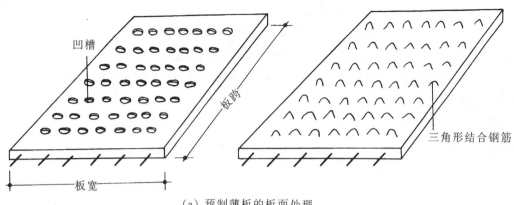

（a）预制薄板的板面处理

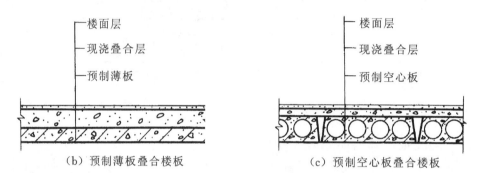

（b）预制薄板叠合楼板　　　　（c）预制空心板叠合楼板

图 5-20　叠合楼板

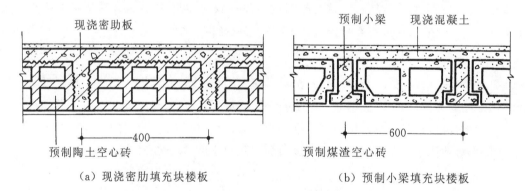

（a）现浇密肋填充块楼板　　　　（b）预制小梁填充块楼板

图 5-21　密肋填充块楼板

5.3　楼地面构造

　　楼地面是楼板层与地坪层的面层，又统称为地面。地面是人们日常生活、工作和生产时，在建筑物内必须接触的部分。它们的构造要求和做法基本相同，按材料和构造做法可分为整体类地面、块材类地面、卷材类地面、涂料类地面等形式。

楼地面构造

5.3.1 整体类地面

整体类地面是指在现场用浇筑的方法做成的整块地面。常见的有水泥砂浆地面、细石混凝土地面和水磨石地面。

1. 水泥砂浆地面

水泥砂浆地面又称水泥地面,它构造简单、坚固耐磨、防水性能好、造价低廉,但易结露、起灰,热传导性能高,无弹性。常见的有普通水泥地面、干硬性水泥地面、防滑水泥地面、磨光水泥地面和彩色水泥地面等。

水泥砂浆地面有单层做法和双层做法。单层做法为15～20 mm厚1∶2水泥砂浆抹光压平。双层做法是先以15～20 mm厚1∶3水泥砂浆打底找平,再用5～10 mm厚1∶1∶2水泥砂浆抹面,双层抹面可以提高地面的耐磨性能,不易开裂。(见图5-22)

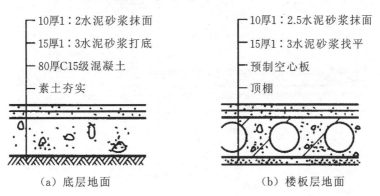

（a）底层地面　　　　　　　（b）楼板层地面

图 5-22　水泥砂浆地面

2. 细石混凝土地面

细石混凝土地面是现浇30～40 mm厚C20细石混凝土面层,在混凝土初凝时用铁滚压出浆水并抹平,终凝前用铁板压光而形成的地面。细石混凝土地面刚性好,强度高,不宜起尘。为提高地面的整体性和抗震性能,可在细石混凝土中加配φ4@200(双向)的钢筋网片。

3. 水磨石地面

水磨石地面是一种常用的地面,质地坚硬、耐磨美观、耐水性好、易清洁。常用于门厅、大厅、食堂、教学楼等房间地面。

水磨石地面采用分层构造,在结构层上用10～15 mm厚1∶3水泥砂浆找平,面层采用10～15 mm厚1∶1.5～1∶2的水泥石碴。水泥石碴有白色和彩色,彩色水磨石可形成美观的图案,装饰效果好。

为防止地面变形引起面层开裂,便于施工和维修,在找平层上按设计分格,在分格的线上用1∶1水泥砂浆嵌固10 mm高的分格条(玻璃条、铜条、铝合金条、塑料条等),在格内铺拌和好的水泥石碴,压实,养护7天后用磨光机磨光,再用草酸溶液清洗,最后打蜡抛光。如图5-23所示。

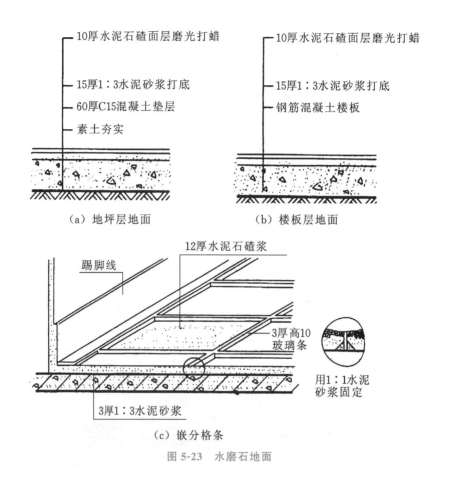

（a）地坪层地面　　　　（b）楼板层地面

（c）嵌分格条

图 5-23　水磨石地面

5.3.2　块材类地面

块材类地面是利用各种预制块材或板材镶铺在基层上的地面。按材料可分为陶瓷块材地面、石材地面、木地面。

1. 陶瓷块材地面

用于地面的陶瓷块材有陶瓷地砖和陶瓷锦砖。陶瓷地砖厚度为 6～10 mm，尺寸有 300 mm×300 mm、600 mm×600 mm、800 mm×800 mm、600 mm×1200 mm 等多种规格，规格越大装修效果越好，价格越高。铺装方法有干铺法和湿铺法，铺贴时在砖块间留有一定宽度的灰缝，现在流行瓷砖贴好后做美缝。（见图 5-24）

陶瓷锦砖是马赛克的一种，质地坚硬、色泽鲜艳、耐磨、耐水、耐腐蚀、容易清洁，常用于卫生间、浴室等地面。构造做法是先用 20 mm 厚 1∶3 水泥砂浆找平，再用 5 mm 厚 1∶1 水泥砂浆粘贴拼贴在牛皮纸上的陶瓷锦砖，压平后洗去牛皮纸，最后做美缝。

2. 石材地面

石材地面包括天然石材地面和人造石材地面。

天然石材地面有花岗岩地面和大理石地面，它们具有很高的抗压性能，耐磨、色彩艳丽，属高档地面装饰材料。大理石原指产于云南大理市的白色带有黑色花纹的石灰岩，大理石质地较软。用于铺设地面的花岗岩是磨光的花岗岩石材,质地坚硬,色泽美观,耐磨度优于大理石材,但造价高。

天然石材地面的尺寸较大,常用的有 600 mm×600 mm、800 mm×800 mm 等尺寸,厚度为 20 mm,铺设时需预先试铺,合适后再正式粘贴,对粘贴表面的平整度要求较高。天然石材地面一般是用 30 mm 厚 1∶3～1∶4 干硬性水泥砂浆结合层粘结,板缝用环氧树脂美缝剂、真瓷美缝剂等材料抹缝,如图 5-25 所示。

人造石板地面有人造大理石板、预制水磨石板等,其构造做法与天然石板地面基本相同。

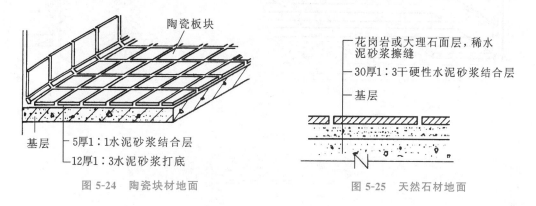

图 5-24　陶瓷块材地面　　　　　　　图 5-25　天然石材地面

3.木地面

木地面是由木板粘贴或铺钉而形成的地面。木地面具有弹性好、保温性好、不起尘、易清洁等特点,常用于宾馆、剧院和家庭地面装修。木地面按面层的形式分为普通木地板、硬木条地板和拼花木地板等。

木地面按构造方式有粘贴式、实铺式和空铺式三种。空铺木地板构造复杂,消耗木材量大,现已较少使用。

(1) 粘贴式木地面。

粘贴式木地面是在基层上做好找平层,然后用环氧树脂、乳胶或热沥青等黏结材料将木板直接粘贴上制成的,如图 5-26 所示。

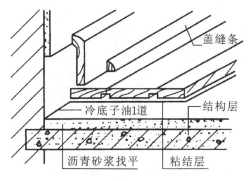

图 5-26　粘贴式木地面

为了防潮,可在找平层上涂热沥青一道或 20～30 mm 厚沥青砂浆层。粘贴式木地面省去搁栅,具有节省材料、施工方便、造价低等特点,现应用较多。

（2）实铺式木地面。

实铺式木地面是在混凝土垫层或钢筋混凝土结构层上每隔 400 mm 铺设 50 mm×60 mm 的木搁栅，将木地板铺钉在搁栅上。为了防潮，需在基层和木搁栅的侧面、底面刷涂冷底子油和热沥青各一道。为了加强通风，需在踢脚板上设置通风口。实铺式木地面有单层实铺式和双层实铺式两种，如图 5-27 所示。

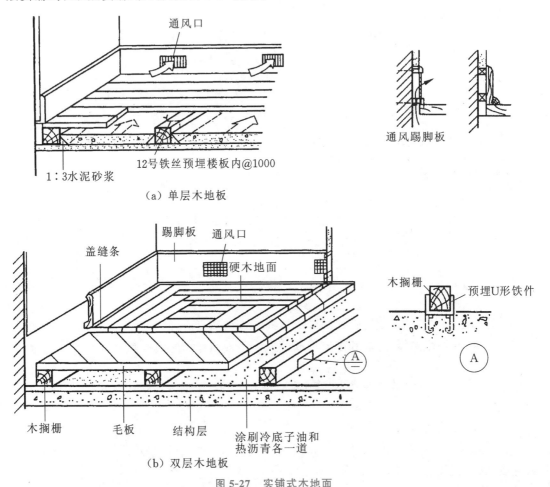

（a）单层木地板

（b）双层木地板

图 5-27　实铺式木地面

5.3.3　卷材类地面

常见的卷材地面有聚氯乙烯（PVC）塑料地毡、橡胶地毡和地毯地面等，卷材地面弹性好，消声的性能也好，适用于公共建筑和居住建筑。

1. 塑料地毡和橡胶地毡

聚氯乙烯塑料地毡和橡胶地毡铺贴较为方便，可以干铺，也可以用胶黏剂粘贴在找平层上。塑料地毡和橡胶地毡具有美观、耐磨、消音、柔韧性强、保暖、易清洁和价格低廉等特点。塑料地毡铺设如图 5-28 所示。

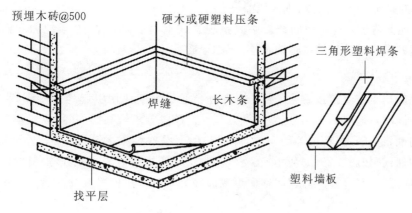

图 5-28　塑料地毡地面

2.地毯地面

地毯的种类较多,按材料分为化纤地毯和羊毛地毯两种。羊毛地毯贵重,美观豪华,只在重要建筑物中使用。化纤地毯价格低廉,平整美观、柔软舒适,使用广泛。化纤地毯可直接干铺,也可固定铺置,固定铺法是用黏结剂粘贴,四周用倒刺条或用带钉板条和金属条固定。

5.3.4　涂料类地面

涂料类地面是用涂料在水泥砂浆或混凝土地面的表面上涂刷或涂刮而成的地面。

地面涂料的主要功能是装饰与保护室内地面,使地面清洁美观,为人们创造优雅舒适的室内环境。为了获得良好的装饰效果,地面涂料应具有以下特点:耐碱性好、黏结力强、耐水性好、耐磨性好、抗冲击力强、涂刷施工方便及价格合理等。

按照地面涂料的主要成膜物质来分,主要分为以下几种,环氧树脂地面涂料、聚氨酯树脂地面涂料、不饱和聚酯树脂地面涂料等。

5.3.5　楼地面的细部构造

1.踢脚线

踢脚线又称踢脚板,是对楼地面与墙面相交处的构造处理,它所用的材料一般与地面材料相同,踢脚线应与地面一起施工。踢脚线的作用是保护墙脚,防止脏污或碰坏墙面,踢脚线的高度为 $100\sim150\ mm$。常用的踢脚线有瓷砖、水磨石、木板、金属等材料。

2.楼地面防水

厕所、盥洗室、淋浴室和实验室等地面易积水的房间,应做好楼地面的防潮防水处理。楼地层防水措施有楼地面排水和楼地面防水两种。

(1) 楼地面排水。为防止易积水房间楼地面水外溢,积水房间楼地面标高应比相邻房间楼地面低 $20\ mm$,也可用门槛挡水。易积水房间楼地面排水做法是向地漏方向设置

1‰～1.5‰的排水坡度,便于水排入地漏。

（2）楼地面防水。积水房间楼板必须是现浇式钢筋混凝土结构,楼地面和四周墙体一定高度在贴瓷砖之前需先做一道防水层,再贴瓷砖。

3. 地层防潮

地层一般与土壤直接接触,土壤中的水分会通过毛细作用引起地面受潮,影响正常使用。为避免潮湿对地层的影响,应做防潮处理。对防潮要求较高的房间,一般是在地面垫层与面层之间铺设热沥青、油毡等防潮层,并在垫层下设置粒径均匀的卵石、碎石或粗砂等切断毛细水的通道,如图 5-29(a)所示;在空气相对湿度较大的地区,由于地表温度低于室内空气温度,地面上易产生凝结水,引起地面返潮。在必要时可在垫层上设保温层并在其下设置防水层,如图 5-29(b)所示。

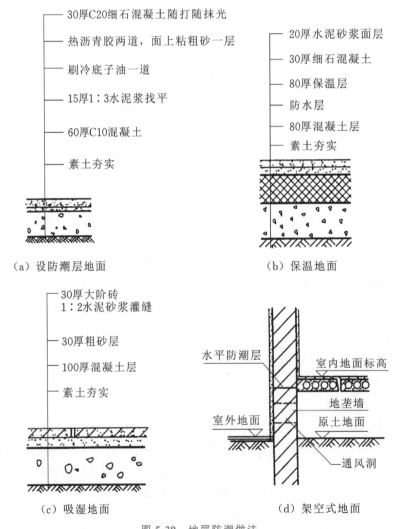

图 5-29　地层防潮做法

或选用黏土砖、大阶砖、陶土板等材料做面层改善冷凝水现象,如图 5-29(c)所示;对温差较大、地下水位高的房间,可采用架空式地坪构造,将地层底板搁置在地垄墙上,形成通风层,但造价较高,如图 5-29(d)所示。

5.4 顶棚

顶棚是楼板层最下面的部分，又称天花板，是室内装修的一部分。顶棚的装饰处理能够改善室内的光环境、热环境和声环境，对室内艺术环境的创造和提高舒适度起着重要作用。顶棚构造要满足耐久性、安全性要求，顶棚施工还应以安装方便、操作简单、省工省料为原则。对特殊房间还要具有防火、隔声、保温和铺设管线的功能。

顶棚一般采用水平式，根据需要也可做成弧形和折线形等形式，按构造来分，顶棚分为直接式顶棚和吊顶式顶棚两种。

5.4.1 直接式顶棚

直接式顶棚是指直接在屋面板、楼板底面直接进行喷刷、抹灰、粘贴壁纸等面层形成的顶棚。这种顶棚具有施工方便、造价低、构造层次少、节省室内空间等特点。

1. 直接喷刷顶棚

当室内对装饰要求不高时，可在屋面板或楼板的底面上直接用浆料喷刷，形成直接喷刷顶棚。当钢筋混凝土楼板的底面有模板及板缝空隙时，须先用1∶3水泥砂浆填缝抹平，再喷刷涂料。

2. 直接抹灰顶棚

直接抹灰顶棚是在屋面板或楼板的底面上抹灰后再喷刷涂料形成的顶棚。常用抹灰有水泥砂浆抹灰和纸筋灰抹灰等。

水泥砂浆抹灰的做法是先将板底清扫干净，打毛或刷素水泥浆一道，用5 mm厚1∶3水泥砂浆打底，再用5 mm厚1∶2.5水泥砂浆粉面，最后喷刷涂料，如图5-30所示。抹灰的遍数按设计的抹灰质量等级确定，对要求较高的房间，可在底板下增加一层钢丝网，在钢丝网上再抹灰。这种做法强度高，抹灰层结合牢固，不易开裂脱落。

3. 贴面顶棚

贴面顶棚是在屋面板或楼板的底面用水泥砂浆打底找平，然后用黏结剂粘贴壁纸、泡沫塑料板、铝塑板或装饰吸音板等，形成贴面顶棚，如图5-31所示。

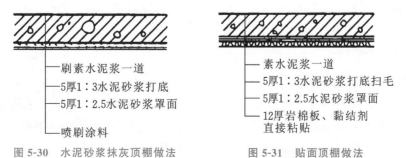

图 5-30 水泥砂浆抹灰顶棚做法   图 5-31 贴面顶棚做法

5.4.2 吊顶式顶棚

吊顶式顶棚又称吊顶,是指悬挂在屋面板或楼板下,由吊筋、龙骨和面层组成的顶棚。吊顶能美化室内环境,遮挡结构构件和各种管线、设备、灯具,并满足室内保温、隔热、隔音、防火等要求。吊顶对施工技术要求较高、造价较高。

1. 吊顶的类型

(1) 根据构造形式的不同,吊顶可分为抹灰类顶棚、矿物板材类顶棚、金属板材类顶棚等。

(2) 根据材料的不同,吊顶可分为板材吊顶、轻钢龙骨吊顶、金属吊顶等。

2. 吊顶的构造组成

吊顶式顶棚一般由吊筋、龙骨和面层三部分组成,如图 5-32 所示。

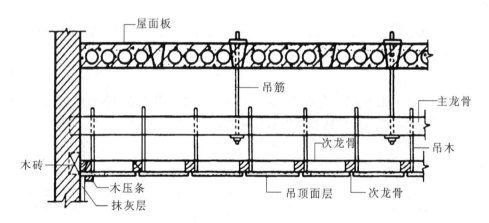

图 5-32 吊顶的构造组成

(1) 吊筋。吊筋一般采用不小于φ6圆钢制作,吊筋直径大小要根据吊顶荷载、龙骨材料和形式、面层材料等确定。

(2) 龙骨。龙骨有主龙骨和次龙骨之分,主龙骨是吊顶的承重结构,通过吊筋或吊件固定在楼板结构上。次龙骨则是吊顶的基层,次龙骨通过吊筋或吊件固定在主龙骨上。龙骨可用木材、轻钢、铝合金等材料制作,其断面大小视龙骨材料、顶棚荷载、面层做法等因素确定。主龙骨断面比次龙骨大,间距约为 2 m。次龙骨间距视面层材料而定,间距一般不超过600 mm。

(3) 面层。吊顶面层分为抹灰面层、矿物板材面层和金属板材面层三类。

3. 抹灰类顶棚

抹灰类顶棚又称整体性顶棚,常见的有板条抹灰吊顶、板条钢丝网抹灰吊顶等。

板条抹灰吊顶一般采用木龙骨,构造简单,造价低,但防火性能差,易脱落,适合防火和装修要求不高的建筑。板条抹灰吊顶构造如图 5-33 所示。

为了改善板条抹灰的性能,使其具有更好的防火能力,同时使抹灰层与基层连接更好,可以在板条上加钉一层钢丝网,就形成了板条钢丝网抹灰顶棚,可用于更高防火要求和安装标准的建筑中,构造如图 5-34 所示。

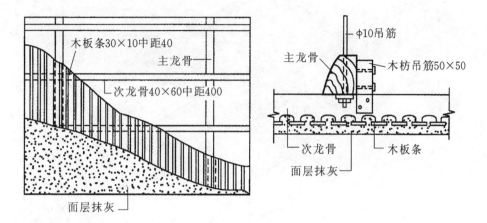

图 5-33　板条抹灰吊顶构造

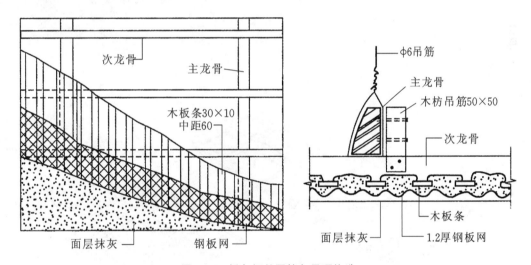

图 5-34　板条钢丝网抹灰吊顶构造

4. 矿物板材类顶棚

矿物板材类顶棚常采用纸面石膏板、无纸面石膏板、矿棉板等板材作面层。矿物板材类顶棚具有自重轻、防火性能好、不会发生吸湿变形、施工安装方便等特点。矿物板材顶类棚通常的做法是用吊件将龙骨与吊筋连接在一起,板材固定在次龙骨上,固定的方法有三种:挂接方式,板材周边做成企口形,板材挂在倒 T 形或者工字形次龙骨上;卡接方式,板材直接搁置在次力骨翼缘上,并用弹簧卡子固定;钉接方式,板材直接钉在次龙骨上。龙骨一般采用轻钢或铝合金等金属龙骨。龙骨一般有龙骨外露(见图 5-35)和不露龙骨(见图 5-36)两种布置方式。

5. 金属板材类顶棚

金属板材类顶棚最常用的板材有铝板、铝合金板、彩色涂层薄钢板等。板材有条形、方

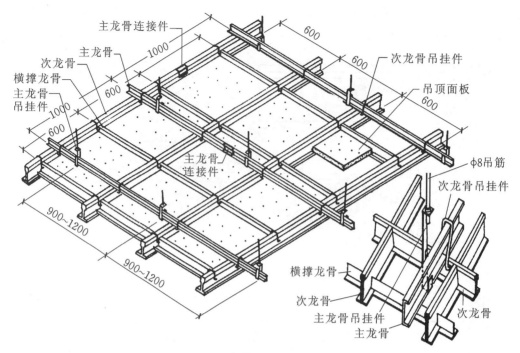

图 5-35　龙骨外露吊顶的构造

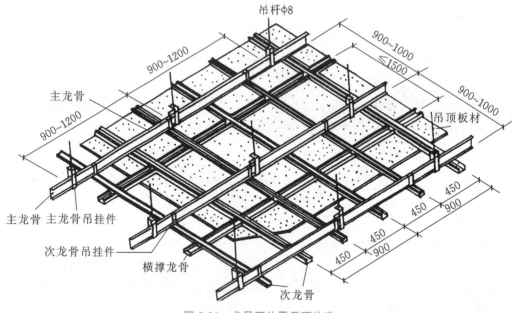

图 5-36　龙骨不外露吊顶构造

形、长方形等形状,龙骨常用 0.5 mm 的铝板、铝合金板等材料,吊筋采用螺纹钢丝套接,以便调节顶棚距离楼板底部的高度。吊顶没有吸声要求时,板和板之间不留缝隙,采用密铺方式,如图 5-37 所示。吊顶有吸声要求时,板上加铺一层吸声材料,板和板之间留出缝隙,以便声音能够被吸声材料所吸收。

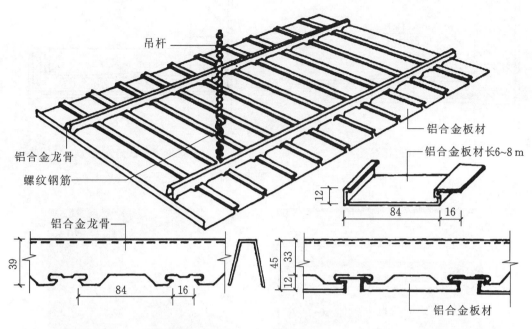

吊杆

铝合金龙骨

螺纹钢筋

铝合金板材

铝合金板材长6~8 m

铝合金龙骨

铝合金板材

图 5-37　金属板材吊顶

5.5　阳台和雨篷

5.5.1　雨篷

雨篷是位于建筑物出入口处上方,用于遮挡雨雪,防止雨雪浸到室内,同时还可以使建筑物入口处更加美观的构件。雨篷从构造形式上可分为现浇式钢筋混凝土雨棚和钢结构玻璃采光雨棚。

钢筋混凝土雨棚又有板式和梁板式两种形式,其悬挑长度为1~1.5 m。大型建筑物(例如酒店、高铁站、大型办公楼等)的雨棚做得更加高大气派,有更多功能。

雨篷所受的荷载较小,因此雨篷板的厚度较薄,可做成变截面形式,雨篷挑出长度较小时,构造处理较简单,可采用无组织排水,在板底周边设滴水槽,雨篷顶面抹15 mm厚1∶2水泥砂浆内掺5%防水剂,如图5-38(a)所示。对于挑出长度较大的雨篷,为了立面处理的需要,通常将周边梁向上翻起成侧梁式,可在雨篷外沿用砖或钢筋混凝土板制成一定高度的立板,雨篷排水口可设在外沿或两侧,为防止上部积水,出现渗漏,雨篷顶部及四侧常做防水砂浆面形成泛水,如图5-38(b)所示。

钢结构玻璃采光雨篷一般用阳光板、钢化玻璃作采光雨篷,这是比较流行的透光雨篷做法,透光材料采光雨篷具有结构轻巧、造型美观、透明新颖等特点,如图5-39所示。其富有现代感的装饰效果也是现代建筑装饰的特点之一。

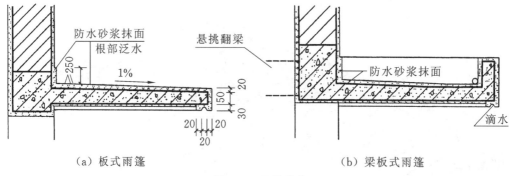

（a）板式雨篷　　　　　　　　　　（b）梁板式雨篷

图 5-38　雨篷构造

图 5-39　钢结构玻璃采光雨棚

5.5.2　阳台

阳台是多、高层建筑中露在室外的平台，供人们在上面休息、眺望、养花，是人们晾晒衣服、被物的场所，多数家庭还在阳台上放置洗衣机和盥洗台。新颖的阳台设计在建筑立面设计中起着至关重要的作用。

1. 阳台的形式

按阳台与外墙的相对位置不同，可分为凸阳台、凹阳台、半凸半凹阳台及转角阳台，如图 5-40 所示。按使用功能不同，可分为生活阳台（南阳台，与客厅、卧室相连）和服务阳台（北阳台，与厨房相连）。按施工方法不同，可分为预制阳台和现浇阳台。

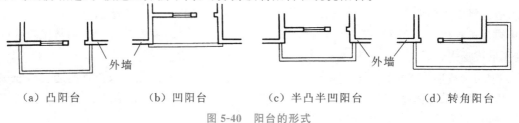

（a）凸阳台　　　　（b）凹阳台　　　　（c）半凸半凹阳台　　　　（d）转角阳台

图 5-40　阳台的形式

2. 阳台的结构布置

阳台主要由阳台板、栏板与扶手组成,属于悬挑结构,阳台的结构布置有以下三种。

(1)挑梁式阳台。挑梁式阳台一般由内承重横墙伸出悬臂梁搁置阳台板,多数建筑中悬臂梁和阳台板一起现浇成整体。悬挑长度可以达到 1.8 m,为了防止阳台发生倾覆破坏,悬挑长度不宜过大,最常见的为 1.2 m,悬臂梁压入墙内长度不小于悬挑长度的 1.5 倍。(见图 5-41)

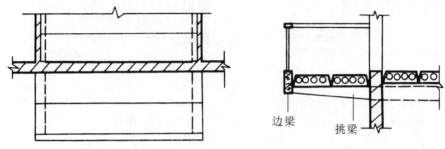

图 5-41　挑梁式阳台

(2)挑板式阳台。挑板式阳台是将楼板直接悬挑出外墙形成的。板底平整美观,构造简单,阳台板与楼板是一个整体,一般采用现浇式钢筋混凝土结构,阳台板可做成半圆形、弧形、多边形等形状,条板式阳台悬挑长度一般不宜超过 1.2 m,如图 5-42 所示。

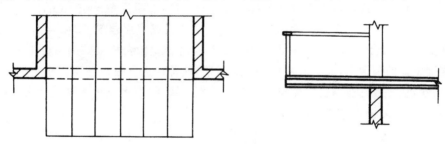

图 5-42　挑板式阳台

(3)压梁式阳台。压梁式阳台是将阳台板与墙梁整浇在一起,墙梁上部墙体给予墙梁足够的压力,防止阳台发生倾覆。由于墙梁受扭,故阳台板悬挑长度不宜超过1.2 m。(见图 5-43)

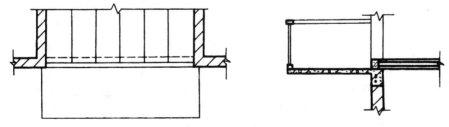

图 5-43　压梁式阳台

3. 阳台的细部构造

(1)阳台栏杆与扶手。

阳台栏杆是阳台的围护结构,承担着使用人群对阳台栏杆的水平推力,必须具有足够的强度和适当的高度,以保证使用安全。根据《住宅设计规范》(GB 50096—2011)规定,阳台栏杆(板)净高,六层及六层以下不低于 1.05 m;七层及七层以上不低于 1.1 m;空花栏杆其垂直杆件之间的净距离不大于 110 mm。一般不设置水平栏杆,防止儿童攀爬。扶手有金属扶手和混凝土扶手。几种阳台栏板形式如图 5-44 所示。

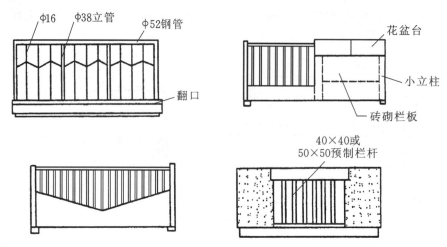

图 5-44　几种阳台栏板形式

（2）阳台的排水处理。

为防止阳台上的雨水流入室内,阳台的地面应比室内地面低 20～50 mm,阳台的排水方式有有组织排水和无组织排水。无组织排水适用于低层或多层建筑,即阳台地面向两侧做出 5‰ 的坡度,在阳台外侧栏板设 φ50 的 PVC 管材,并伸出阳台栏板外侧不少于 80 mm,以防落水溅到下面的阳台上,如图 5-45(a)所示,目前,这种构造已很少使用。有组织排水适用于多、高层建筑,一般是在阳台内侧设置地漏和排水立管,将雨水或污水排入污水管网,保证建筑立面的美观,如图 5-45(b)所示。

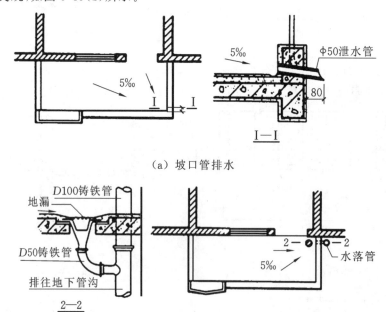

图 5-45　阳台的排水处理

复习思考题

一、填空题

1.多层建筑的阳台栏杆高度不低于（　　　　），高层建筑不低于（　　　　）。

2.单梁式楼板传力路线是（　　　　）→（　　　　）→（　　　　）→（　　　　）。

3.对于现浇整体式钢筋混凝土单向板肋形楼板，主梁的经济跨度是（　　　　）；次梁的经济跨度是（　　　　）；板的经济跨度是（　　　　）。

4.楼板层由（　　　　）、（　　　　）、（　　　　）和附加层组成。

5.地面的基本构造层为（　　　　）、（　　　　）、（　　　　）。

6.顶棚分为（　　　　）、（　　　　）两种类型。

7.当板式楼板的长边与短边之比大于 2 时，称为（　　　　）。

8.吊顶由吊筋、（　　　　）和（　　　　）组成。

9.现浇式钢筋混凝土楼板有（　　　　）、（　　　　）、（　　　　）、（　　　　）等类型。

二、选择题

1.楼板层通常由（　　　　）组成。

A.面层、楼板、地坪　　　　　　　　　　B.面层、楼板、顶棚

C.支撑、楼板、顶棚　　　　　　　　　　D.垫层、楼板、梁

2.现浇整体式钢筋混凝土肋形楼板由（　　　　）现浇而成。

A.混凝土、砂浆、钢筋　　　　　　　　　B.柱、主梁、次梁

C.板、次梁、主梁　　　　　　　　　　　D.次梁、主梁、墙体

3.根据钢筋混凝土楼板施工方法不同可分为（　　　　）。

A.现浇式、梁板式、板式　　　　　　　　B.板式、装配整体式、梁板式

C.装配式、装配整体式、现浇式　　　　　D.装配整体式、梁板式、板式

4.框架结构中现浇整体式钢筋混凝土肋形楼板的传力路线为（　　　　）。

A.板→主梁→次梁→墙体　　　　　　　　B.板→次梁→主梁→柱

C.板→次梁→主梁→墙体　　　　　　　　D.板→梁→柱

5.钢筋混凝土单向板的受力钢筋应在（　　　　）方向设置。

A.短边　　　　　　　B.长边　　　　　　　C.双向

6.地面按其材料和做法可分为（　　　　）。

A.水磨石地面；块料地面；塑料地面；木地面

B.水泥地面；块料地面；塑料地面；木地面

C.整体类地面；板块类地面；卷材类地面；涂料类地面

D.刚性地面；柔性地面

7.水磨石地面中设置分格条主要是为了（　　　　）。

A.美观　　　　　　　B.维修方便　　　　　　C.施工方便　　　　　　D.减少开裂

8.顶棚按构造做法可分为（　　　　）。

A.直接式顶棚和悬吊式顶棚　　　　　　　B.抹灰类顶棚和贴面类顶棚

C.抹灰类顶棚和悬吊式顶棚　　　　　　　D.喷刷类顶棚和抹灰类顶棚

9.栏杆和栏板是阳台的围护结构,多层、中高层住宅阳台栏杆(板)高度不低于( ),空花栏杆其垂直杆件之间的净距离不大于110 mm。

A.1.05 m　1.10 m　　　　　　　　B.1.10 m　1.01 m

C.1.20 m　1.20 m　　　　　　　　D.1.50 m　1.30 m

10.挑梁式阳台的结构布置可采用( )。

A.挑梁搭板　　　B.砖墙承重　　　　C.梁板结构　　　　D.框架承重

三、简答题

1.楼板层的基本组成。

2.现浇整体式钢筋混凝土楼板的特点和适用范围。

3.预制装配式钢筋混凝土楼板的特点是什么?常用的板型有哪几种?

4.现浇整体式钢筋混凝土楼板的结构该如何布置?各种构件的经济尺寸范围是什么?

5.简述吊顶式顶棚构造做法。

6.简述水磨石地面的构造做法。

7.简述块材类地面的构造做法。

8.简述木地面的构造做法。

9.简述阳台栏杆的连接构造。

10.雨篷有几种类型?

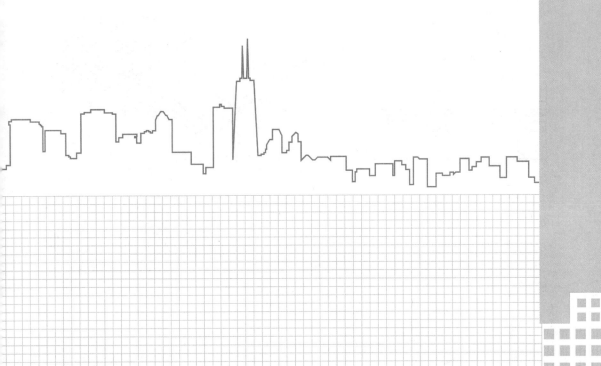

学习项目 6

屋顶

　　熟悉屋顶的类型及设计要求;掌握平屋顶的排水、防水构造;掌握平屋顶的保温与隔热构造;了解平屋顶的组成;了解坡屋顶的组成;熟悉屋顶的构造做法。

6.1 屋顶概述

6.1.1 屋顶的类型

屋顶主要由(由下向上)顶棚层、结构层、保温隔热层、防水层、保护层组成,如图 6-1 所示。支承结构可以是平面结构,如屋架、刚架、梁板等;也可以是空间结构,如薄壳、网架、悬索等。由于支承结构和平面布置不同,屋顶的外形也不同,常见的有平屋顶、坡屋顶和其他形式屋顶等。

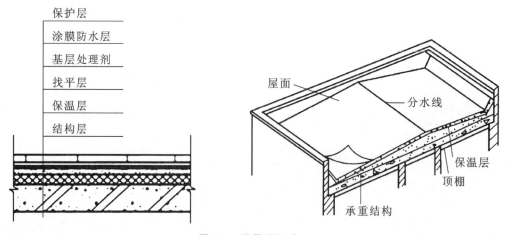

图 6-1　平屋顶组成

1. 平屋顶

《坡屋面工程技术规范》(GB 50693—2011)规定:坡度小于 3% 的屋面称为平屋面,坡度大于 3% 的屋面称为坡屋面。《民用建筑设计统一标准》(GB 50352—2019)规定:平屋面的排水坡度为 2% ~ 5%。平屋顶易于建筑结构设计标准化,节约材料,屋面还可承载其他功能,如屋顶花园、屋顶游泳池、屋顶网球场等。常见的平屋顶的形式如图 6-2 所示。

2. 坡屋顶

坡屋顶是我国传统的屋顶形式,广泛应用于民居建筑中,在现代城市建筑设计中,景观建筑,低层、多层建筑也广泛应用坡屋顶形式。

坡屋顶常见的形式有单坡屋顶、硬山双坡屋顶、四坡屋顶、卷棚屋顶、庑殿屋顶、歇山屋顶、圆形(多角形)攒尖屋顶等,如图 6-3 所示。

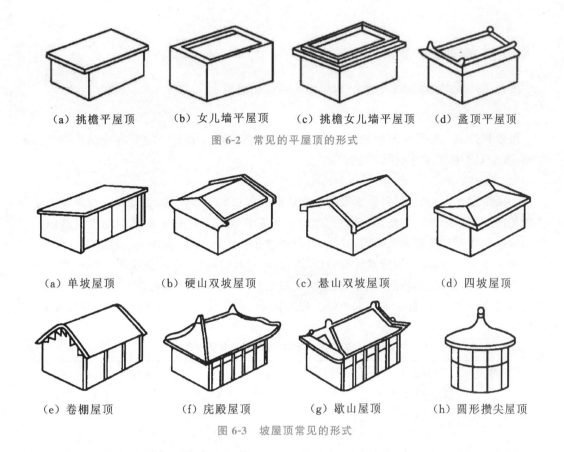

（a）挑檐平屋顶　　（b）女儿墙平屋顶　　（c）挑檐女儿墙平屋顶　　（d）盝顶平屋顶

图 6-2　常见的平屋顶的形式

（a）单坡屋顶　　（b）硬山双坡屋顶　　（c）悬山双坡屋顶　　（d）四坡屋顶

（e）卷棚屋顶　　（f）庑殿屋顶　　（g）歇山屋顶　　（h）圆形攒尖屋顶

图 6-3　坡屋顶常见的形式

3. 曲面屋顶

随着建筑科技发展，涌现了一批大空间、大跨度建筑，在这些建筑中使用了多种新型结构屋顶，例如薄壳屋顶、网架屋顶、拱屋顶、折板屋顶、悬索屋顶等，如图 6-4 所示。

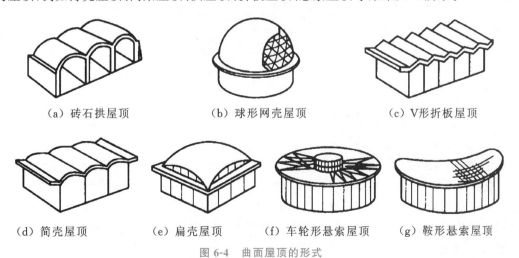

（a）砖石拱屋顶　　（b）球形网壳屋顶　　（c）V形折板屋顶

（d）筒壳屋顶　　（e）扁壳屋顶　　（f）车轮形悬索屋顶　　（g）鞍形悬索屋顶

图 6-4　曲面屋顶的形式

6.1.2　屋顶设计要求

屋顶设计应考虑其功能、结构、建筑艺术三方面的要求。

1. 功能要求

屋顶和外墙一样是建筑物的围护构件,能够抵御自然界各种环境因素对建筑物的不利影响,其应具有防潮防水、保温隔热等功能。

(1)防水要求。

在屋顶设计中,防止屋面漏水是构造做法必须解决的首要问题,也是保证建筑室内空间正常使用的先决条件。为此,需要做好两方面的工作,首先,采用不透水的防水材料以及合理的构造形式使其具有防水功能;其次,进行屋顶排水组织设计,将雨水迅速排走,防止屋顶出现积水现象。《屋面工程技术规范》(GB 50345—2012)规定:屋面防水工程应根据建筑物的类别、重要程度、使用功能要求来确定防水等级,并按相应等级进行防水设防,对于有特殊要求的建筑屋面,应进行专项防水设计。屋面防水等级、设防要求及防水做法应符合表 6-1 的规定。

表 6-1　屋面防水等级、设防要求及防水做法

防水等级	建筑类别	设防要求	防水做法
Ⅰ级	重要建筑物和高层建筑	两道防水设防	卷材防水层和卷层防水层、卷材防水层和涂膜防水层、复合防水层
Ⅱ级	一级建筑	一道防水设防	卷材防水层、涂膜防水层、复合防水层

注:复合防水层是指彼此相容的卷材和涂料组合而成的防水层。

坡屋面工程设计应根据建筑物的性质、重要程度、地域环境、使用功能要求,以及依据屋面防水层设计使用年限,分为一级防水和二级防水,并应符合表 6-2 的规定。

表 6-2　坡屋面防水等级

项目	坡屋面防水等级	
	一级	二级
防水层设计使用年限	≥20 年	≥10 年

注:大型公共建筑、学校、医院等重要建筑屋面的防水等级为一级,其他为二级。

(2)保温隔热要求。

屋顶具有抵抗外界环境因素对屋面不利影响的能力。我国地域辽阔,南北气候相差悬殊。在寒冷地区,冬季一般都需要采暖,室内外温差很大,为了减少能量损失,避免顶棚表面结露或内部受潮等问题,屋顶必须采取保温措施。在南方地区气候炎热,为避免强烈的太阳辐射和高温对室内的影响,常在屋顶采取隔热措施。建筑物大都使用空调设备来调节室内温度,为了节能,需要做好外墙和屋顶的保温构造。

2. 结构要求

屋顶既是房屋的围护构件,也是房屋的承重结构,承受风、雨、雪等的荷载及其自重,上人屋面还要承受人和设备荷载作用,所以屋顶应具有足够的强度和刚度,以保证房屋的结构安全,并防止因变形过大而引起防水层开裂、漏水。

3.建筑艺术要求

屋顶是建筑体型和外立面的重要组成部分,屋顶的形式对建筑的特征有很大的影响。变化多样的屋顶外形、装修精美的屋顶细部是中国传统建筑的重要特征,现代建筑也特别注重屋顶设计,结合屋顶保温进行景观设计,结合女儿墙和避雷塔设计出很多新颖的屋顶造型,提升了建筑艺术效果。

6.2 屋面排水设计

屋顶构造设计的核心是防水和排水,解决屋面防水和排水,一般采用"阻"和"导"两种方法。"阻"是用防水材料铺满整个屋面,处理好防水材料之间缝隙,阻止雨雪渗漏。"导"是利用屋面的坡度和适当的构造措施,将屋面雨水迅速排除,而排水的顺畅与否与屋面坡度有着直接的关系。

6.2.1 屋面坡度选择

屋面排水设计　　屋面排水设计微课

1.屋面坡度的表示方法

常用的坡度表示方法有角度法、斜率法和百分比法三种,如图 6-5 所示。角度法以屋顶倾斜面与水平面所成夹角的大小来表示;斜率法以倾斜面的垂直投影长度与水平投影长度之比来表示;百分比法以屋顶倾斜面的垂直投影长度与水平投影长度之比的百分比值来表示。坡屋面多采用斜率法,平屋面多采用百分比法,角度法在工程中应用较少。

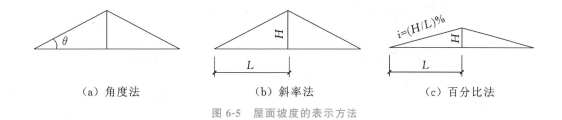

（a）角度法　　　　　　（b）斜率法　　　　　　（c）百分比法

图 6-5　屋面坡度的表示方法

2.影响屋面坡度的因素

屋面坡度的确定与屋顶结构形式、防水材料性能、地区降雨量大小、防水构造方式、屋面基层类别等因素有关。对于一般民用建筑,主要考虑以下两方面的因素。

（1）屋面防水材料与排水坡度的关系。

防水材料如果尺寸较小,接缝必然就多,容易产生缝隙渗水,因此屋面应有较大的排水坡度,以便将屋面积水迅速排除。坡屋面的防水材料多为瓦材(如小青瓦、机制平瓦、琉璃瓦等),其每块覆盖面积小,故坡屋面较陡。如屋面的防水材料覆盖面积大,接缝少而且严密,则屋面的排水坡度可小一些。《民用建筑设计统一标准》规定:屋面排水坡度应根据屋顶结构形式、屋面基层类别、防水构造方式、防水材料性能及当地气候等条件确定,且应符合表 6-3 的规定。

表 6-3　屋面的排水坡度

屋面类型		屋面排水坡度/%
平屋面	防水卷材屋面	≥2、<5
瓦屋面	块瓦	≥30
	波形瓦	≥20
	沥青瓦	≥20
金属屋面	压型金属板、金属夹芯板	≥5
	单层防水卷材金属屋面	≥2
种植屋面	种植屋面	≥2、<50
采光屋面	玻璃采光顶	≥5

（2）降雨量大小与坡度的关系。

降雨量大的地区，屋面渗漏的可能性较大，屋面的排水坡度应适当加大；反之，屋面排水坡度则宜小一些。

3. 形成屋面排水坡度的方法

形成屋面排水坡度的方法一般有建筑找坡（见图 6-6）和结构找坡（见图 6-7）两种。

（1）建筑找坡又称材料找坡，是指屋面板水平搁置，利用轻质保温材料垫置成排水坡度的做法，排水坡度不宜过大，一般为 2%。常用于找坡的材料有水泥蛭石、水泥珍珠岩、水泥炉渣等，找坡材料最薄处不宜小于 30 mm。使用建筑找坡可获得平整的顶棚，但增加了屋面荷载。

（2）结构找坡又称垫梁，是指屋面板搁置在倾斜的梁或墙上形成排水坡度的做法。一般工业厂房和对顶棚水平度要求不高的公共建筑，优先选用结构找坡，坡度一般不小于 3%，单坡跨度不小于 9 m。结构找坡优点是节省材料，成本低，减轻了屋面荷载。但顶棚倾斜观感差，室内空间不规整，民用建筑使用结构找坡需吊顶。

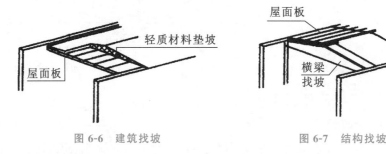

图 6-6　建筑找坡　　　　　　　　图 6-7　结构找坡

6.2.2　屋面排水方式

屋面的排水方式分为无组织排水和有组织排水两种。

（1）无组织排水，又称自由落水，是指屋顶雨水顺坡排至檐口处自由落到室外地面的排水方式，自由落水的屋面可以是单坡屋面、双坡屋面和四坡屋面。这种方式构造简单、造价低,但雨水自由落下会溅湿墙面造成污染,檐口滴落的雨水影响人行交通和一楼室外地面使用,《坡屋面工程技术规范》规定,低层建筑及檐高小于 10 m 的屋面,可采用无组织排水。

(2) 有组织排水,又称檐沟或天沟排水,是指屋面雨水通过天沟、雨水管,有组织地排到室外地面或地下管网的排水方式。檐沟或天沟内分段做成1‰纵坡,使雨水集中至雨水口,再经雨水管排至地面或地下排水管网。有组织排水有利于保护墙面和地面,消除屋顶雨水对环境的影响。大多数建筑都采用有组织排水。若雨水管布置在室内,称有组织内排水,如图 6-8(a)所示;若雨水管布置在室外,则称有组织外排水,如图 6-8(b)所示。根据檐口的做法,有组织外排水又可分为挑檐沟外排水、女儿墙外排水。高层建筑、严寒地区建筑和屋顶面积较大的建筑(例如联排厂房)采用有组织内排水,其余建筑优先考虑采用有组织外排水。

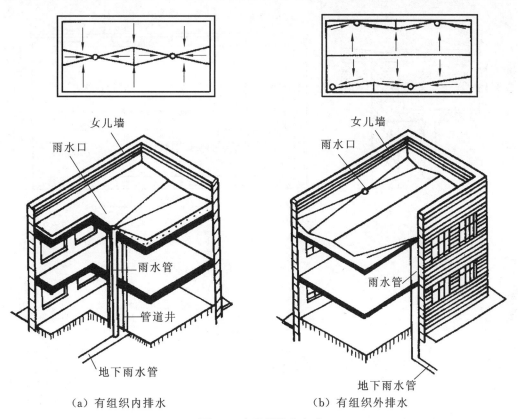

（a）有组织内排水　　　　　　　（b）有组织外排水

图 6-8　有组织排水方式

6.2.3　屋面排水组织设计

屋面排水组织设计的主要任务是将屋面划分为若干个排水区,分别将雨水引入雨水管,做到排水线路简捷、雨水口负荷均匀、排水顺畅,避免屋面积水引起渗漏。

1. 确定排水坡面的数量

进深不超过 12 m 的房屋和沿街建筑通常采用单坡排水,进深超过 12 m 时宜采用双坡排水,如图 6-9 所示。坡屋面则应结合造型要求选择单坡、双坡或四坡。

2.划分排水分区

《屋面工程技术规范》要求,雨水管直径不应小于100 mm,每一个雨水口的汇水面积宜小于200 m^2,一般为150～200 m^2。一般经验雨水管间距是12～24 m(此条是建议性质条文)。

3.确定雨水管管材及规格

雨水管按材料分为镀锌钢管、镀锌铁皮、塑料等。外排水雨水管可采用PVC管、镀锌铁皮管、玻璃钢管等;内排水雨水管可采用UPVC管、镀锌钢管等。雨水管的直径有50 mm、75mm、100 mm、125mm、150 mm几种规格。

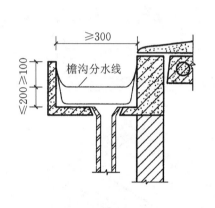

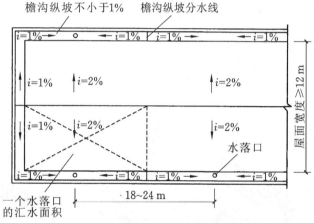

（a）檐沟断面　　　　　　　　　（b）屋顶排水设计平面图

图6-9　有组织排水设计

6.3　平屋顶防水构造

6.3.1　卷材防水屋面

卷材防水屋面是将防水卷材相互搭接用胶结材料贴在屋面基层上,卷材具有一定的柔性,能适应部分屋面变形。

平屋顶防水构造

1.卷材防水屋面的材料

(1)卷材。

① 高聚物改性沥青卷材。高聚物改性沥青卷材按改性成分区分主要有弹性体(SBS)和塑性体(APP)改性防水卷材;按胎体材料区分主要有聚酯胎和聚乙烯胎改性沥青防水卷材等。高聚物改性沥青卷材具有高温不流淌、低温不脆裂、拉伸强度高、延伸率较大等优点。

② 合成高分子卷材。合成高分子卷材是以合成橡胶、合成树脂或两者共混体为基料,加人适量化学助剂和填充料经塑炼混炼、压延或挤出成型制成的,具有强度高、断裂伸长率

大、耐老化及可冷施工等优越性能。我国目前开发的合成高分子卷材主要有橡胶系、树脂系、橡塑共混型三大系列,属新型高档防水材料。常见的有三元乙丙橡胶卷材、聚氯乙烯卷材、氯丁橡胶卷材等。

（2）卷材黏合剂。

高聚物改性沥青卷材和合成高分子卷材使用专门配套的黏合剂,如适用于改性沥青类卷材的 RA-86 型氯丁胶胶黏剂、SBS 改性沥青黏结剂,三元乙丙橡胶卷材用的聚氨酯底胶基层处理剂等。

2. 卷材防水屋面的构造层次和做法

卷材防水屋面由多层材料叠合而成,其基本构造层次按构造要求由顶棚、结构层、保温层（找坡层）、找平层、结合层、防水层和保护层组成。

（1）顶棚。

顶棚位于结构层下侧,室内空间上部,有直接式顶棚和吊顶式顶棚之分。

（2）结构层。

卷材防水屋面的结构层通常为具有一定强度和刚度的预制或现浇钢筋混凝土屋面板。

（3）保温层（找坡层）。

当屋面采用材料找坡时,应选用质量轻、吸水率低和有一定强度的材料,坡度宜为 2%。轻质材料可采用 1∶6～1∶8 的水泥膨胀珍珠岩或水泥膨胀蛭石或其他轻质混凝土等。当屋顶采用结构找坡时,坡度不应小于 3%。

（4）找平层。

卷材的基层宜设找平层,找平层厚度和技术要求应符合表 6-4 的规定。

表 6-4　找平层做法及要求

找平层材料	适用的基层	厚度/mm	技术要求
水泥砂浆	整体现浇混凝土板	15～20	1∶2.5 水泥砂浆
	整体或板状材料保温层	20～25	
细石混凝土	装配式混凝土板	30～35	C20 混凝土,宜加钢筋网片
	块状材料保温层		C20 混凝土

注:保温层上的找平层应留设分隔缝,缝宽 5～20 mm,纵横缝的间距不宜大于 6 m。

（5）结合层。

结合层的作用是在基层与卷材间形成一层胶质薄膜,使卷材与基层粘结牢固。高聚物改性沥青类卷材和合成高分子卷材通常采用配套的卷材胶黏剂。

（6）防水层。

在《屋面工程技术规范》（GB 50345—2012）中,提供了一种简易检验屋面基层干燥程度的方法,铺设防水层前,找平层必须干净、干燥。将 1 m² 卷材平坦地干铺在找平层上,静置 3～4 h 后掀开检查,如找平层上覆盖部位和卷材上未见水印,即认为找平层合格,可以铺设防水层。

高聚物改性沥青防水层:高聚物改性沥青防水卷材的铺贴做法有冷粘法和热熔法两种。冷粘法是用胶黏剂将卷材粘结在找平层上,或利用某些卷材的自黏性进行铺贴。铺贴卷材时注意平整、顺直,搭接尺寸准确,不扭曲,应排除卷材下面的空气并辊压粘结牢固。热熔法施工时,用火焰加热器将卷材均匀加热至表面光亮发黑,然后立即滚铺卷材使之平展,并辊压密实。

合成高分子卷材防水层(以三元乙丙橡胶卷材防水层为例):先在找平层(基层)上涂刮基层处理剂(如 CX-404 胶等),要求薄而均匀,干燥不黏后即可铺贴卷材。

卷材一般应由屋面最低标高处向上铺贴,并按水流方向搭接;卷材可垂直或平行于屋脊方向铺贴。卷材铺贴时要求保持自然松弛状态,不能拉得过紧。卷材接缝根据不同的搭接方法应有 50～100 mm 的搭接宽度如表 6-5 所示,铺好后立即用工具辊压密实,搭接部位用胶黏剂均匀涂刷黏合。

表 6-5　卷材搭接宽度

卷材类别		搭接宽度/mm
合成高分子防水卷材	胶黏剂	80
	胶粘带	50
	单缝焊	60,有效焊接宽度不小于 25
	双缝焊	80,有效焊接宽度 10×2+空腔宽
高聚物改性沥青防水卷材	胶黏剂	100
	自粘	80

在防水卷材厚度的选用上,需要根据屋面的防水等级、防水卷材的类型来确定,每道卷材防水层的厚度选用应符合表 6-6 的规定。

表 6-6　每道卷材防水层最小厚度　　　　　　　　　　　　单位:mm

防水等级	合成高分子防水卷材	高聚物改性沥青防水卷材		
		聚酯胎、玻纤胎、聚乙烯胎	自粘聚酯胎	自粘无胎
Ⅰ级	1.2	3.0	2.0	1.5
Ⅱ级	1.5	4.0	3.0	2.0

(7) 保护层。

设置保护层的目的是保护防水层,延缓卷材在阳光和大气作用下的老化速度,同时保护层还可以防止沥青类卷材中的沥青过热流淌。保护层的构造做法应视屋面的利用情况而定。

不上人屋面保护层可采用浅色涂料、铝箔、矿物粒料、水泥砂浆等材料;上人屋面保护层可采用块体材料、细石混凝土等材料。保护层材料的适用范围和技术要求应符合表 6-7 规定。

表 6-7　保护层材料的适用范围和技术要求

保护层材料	适用范围	技术要求
浅色涂料	不上人屋面	丙烯酸系反射涂料
铝箔	不上人屋面	0.05 mm 厚铝箔反射膜
矿物粒料	不上人屋面	不透明的矿物粒料
水泥砂浆	不上人屋面	20 mm 厚1∶2.5 或 M15 水泥砂浆

续表

保护层材料	适用范围	技术要求
块体材料	不上人屋面	地砖或 30 mm 厚 C20 细石混凝土预制块
细石混凝土	上人屋面	40 厚 C20 细石混凝土或 50 mm 厚 C20 细石混凝土内配φ4@100 双向钢筋网片

3. 卷材防水屋面的细部构造

屋面细部构造包括檐口、檐沟和天沟、女儿墙、水落口、变形缝等部位,细部构造设计应满足使用功能、温差变形、施工环境条件和可操作性等要求。

(1) 泛水构造。

泛水是指屋面与高出屋面的构件外表面交接处的防水处理。女儿墙、烟囱、立管、变形缝等壁面与屋面的交接处是最易漏水的地方,均需做泛水处理。泛水的构造要点及做法如下。

① 屋面卷材继续铺至垂直墙面上,形成卷材泛水,泛水高度不小于 250 mm;泛水处的防水层下应增设附加层,附加层在平面和立面的宽度均不小于 250 mm。

② 屋面与立墙相交处应做成圆弧形,圆弧半径 20～50 mm,使卷材紧贴于找平层上,卷材铺贴密实,避免出现空鼓和折断现象。

③ 女儿墙压顶可采用混凝土或金属制品,压顶向内侧排水坡度不应小于 5%,压顶内侧下端应做滴水处理。

④ 低女儿墙泛水处的防水层可直接铺贴或涂刷至压顶下,卷材收头用金属压条固定,并用密封材料封口严密(见图 6-10(a))。

⑤ 高女儿墙泛水处的防水层泛水高度不应小于 250 mm,泛水上部的墙体应做泛水处理(见图 6-10(b))。

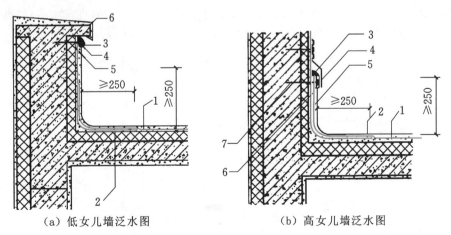

(a) 低女儿墙泛水图　　　　(b) 高女儿墙泛水图

图 6-10　女儿墙泛水构造

(a)1—防水层;2—附加层;3—密封材料;4—水泥钉;5—金属压条;6—保护层;

(b)1—防水层;2—附加层;3—密封材料;4—金属盖板;5—保护层;6—金属压条;7—水泥钉

(2) 檐口构造。

卷材防水屋面檐口 800 mm 范围内的卷材应满铺,卷材收头应采用金属压条钉压,并用密封胶封严。檐口下端应做鹰嘴和滴水槽,如图 6-11 所示。

（3）檐沟和天沟构造。

卷材防水屋面檐沟和天沟的防水构造（见图 6-12），应符合下列规定。

① 檐沟和天沟的防水层下端应增设附加层，附加层伸入屋面的宽度不应小于 250 mm。

② 檐沟防水层和附加层应由沟底翻上至外侧顶部，卷材收头应用金属压条钉压，并用密封材料封严。

③ 檐沟外侧下端应做鹰嘴或滴水槽。

④ 檐沟外侧高于屋面结构板时，应设置溢水口。

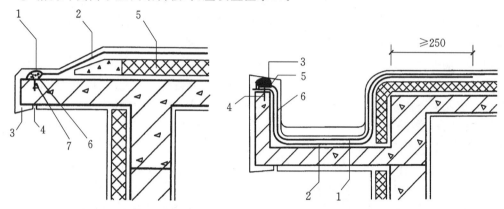

图 6-11　卷材防水屋面檐口构造
1—密封材料；2—卷材防水层；3—鹰嘴；
4—滴水槽；5—保温层；6—金属压条；7—水泥钉

图 6-12　卷材防水屋面檐沟构造
1—防水层；2—附加层；3—密封材料；4—水泥钉；
5—金属压条；6—保护层

（4）水落口构造。

水落口是屋面雨水汇集并排向落水管的部位。在水落口周围 500 mm 范围内做成坡度为 5% 排水漏斗。水落口分为两种形式，一种是在水平结构上开孔的直式水落口，如图6-13（a）所示，另一种是从女儿墙侧向开孔的横式水落口，如图6-13（b）所示。

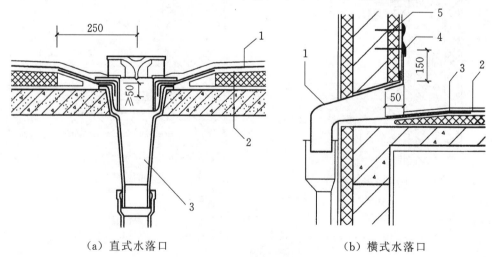

（a）直式水落口　　　　　　　　（b）横式水落口

图 6-13　水落口构造
(a)1—防水层；2—附加层；3—水落斗；
(b)1—水落斗；2—防水层；3—附加层；4—密封材料；5—水泥钉

重力式排水的水落口防水构造应符合下列要求。

① 水落口可采用塑料或金属制品,水落口的金属配件均应做防锈处理。

② 水落口杯应牢固地固定在承重结构上,其埋设标高应根据附加层的厚度及排水坡度加大的尺寸确定。

③ 水落口周围直径 500 mm 范围内坡度不应小于 5%,防水层下应增设涂膜附加层。

④ 防水层和附加层伸入水落口杯内不应小于 50 mm,并应粘结牢固。

6.3.2　涂膜防水屋面

涂膜防水屋面是将防水材料直接涂刷在屋面基层上,利用涂料干燥或固化后的不透水性来达到防水的目的。随着材料和施工工艺的不断改进,现在的涂膜防水屋面具有防水、抗渗、黏结力强、耐腐蚀、耐老化、延伸率大、弹性好、不延燃、无毒、施工方便等诸多优点,已广泛应用于建筑各部位的防水工程中。

涂膜防水主要适用于防水等级为Ⅱ级的屋面防水,也可用作Ⅰ级防水屋面多道防水设防中的一道防水。

1. 涂膜防水材料

涂膜防水材料主要有各种涂料和胎体增强材料两大类。

（1）涂料。

防水涂料的种类很多,按其溶剂或稀释剂的类型可分为溶剂型、水溶性、乳液型等;按施工时涂料液化方法的不同则可分为热熔型、常温型等;按成膜的方式则有反应固化型、挥发固化型等。目前常用的防水涂料有合成高分子防水涂料、聚合物水泥防水涂料、高聚物改性沥青防水涂料等,其每道涂膜防水层的最小厚度应满足表 6-8 的要求。

表 6-8　每道涂膜防水层最小厚度

单位:mm

防水等级	合成高分子防水涂膜	聚合物水泥防水涂膜	高聚物改性沥青防水涂膜
Ⅰ级	1.5	1.5	2.0
Ⅱ级	2.0	2.0	3.0

（2）胎体增强材料。

某些防水涂料,如氯丁胶乳沥青涂料,需要与胎体增强材料配合,以增强涂层的贴附覆盖能力和抗变形能力。目前,使用较多的胎体增强材料为 6 mm×4 mm 或 7 mm×7 mm 的中性玻璃纤维网格布或中碱玻璃布、聚酯无纺布等。需铺设胎体增强材料时,当屋面坡度小于 15% 时,可平行屋脊铺设,当屋面坡度大于 15% 时,应垂直于屋脊铺设,并由屋面最低处向上铺设。胎体增强材料长边搭接宽度不得小于 50 mm,短边搭接宽度不得小于 70 mm。采用二层胎体增强材料时,上下层不得垂直铺设,搭接缝应错开,其间距不应小于幅宽的 1/3。

2. 涂膜防水屋面的构造及做法

当采用溶剂型涂料时,屋面基层应干燥。防水涂膜应分遍涂布,不得一次涂成。待先涂布的涂料干燥成膜后,方可涂布后一遍涂料,且前后两遍涂料的涂布方向应相互垂直。涂膜防水层的收头,应用防水涂料多遍涂刷或用密封材料封严。应按屋面防水等级和设防要求选择防水涂料。对易开裂、渗水的部位,应留凹槽嵌填密封材料,并增设一层或多层带有胎体增强材料的附加层。涂膜防水层应沿找平层分格缝增设带有胎体增强材料的空铺附加层,空铺宽度宜为 100 mm。涂膜防水屋面应设置保护层,保护层材料可采用细砂、云母、蛭石、浅色涂料、水泥砂浆或块体材料等。采用水泥砂浆或块材时,应在涂膜与保护层之间设置隔离层。水泥砂浆保护层厚度不宜小于 20 mm。

3.细部构造

(1) 天沟、檐沟与屋面交接处宜空铺,空铺的宽度不应小于 250 mm,涂膜收头应用防水涂料多遍涂刷或用密封材料封严。

(2) 檐口处防水层的收头应用防水涂料多遍涂刷或用密封材料封严。檐口下端应抹出滴水槽。

(3) 泛水处的涂膜防水层宜直接涂刷至女儿墙的压顶下,收头处理应用防水涂料多遍涂刷封严,压顶应做防水处理。

6.4　平屋顶的保温与隔热

6.4.1　平屋顶保温

在北方寒冷地区或装有空调设备的建筑中,为了减少室内能量损失,降低能耗,屋面应做保温处理,设置保温层。保温层的材料和构造方案是根据使用要求、气候条件、屋的结构形式、防水处理、材料种类、施工条件、整体造价等因素,经综合考虑后确定的。

平屋顶的保温
与隔热

1.屋顶的保温材料

保温材料多为轻质多孔材料,一般可分为以下三种类型。

(1) 散料类。它常用炉渣、矿渣、膨胀蛭石、膨胀珍珠岩等。

(2) 整体类。它是指以散料作骨料,掺入一定量的胶结材料,现场浇筑而成。

(3) 板块类。它是指利用骨料和胶结材料由工厂制作而成的板块状材料,如加气混凝土、泡沫混凝土、膨胀蛭石、膨胀珍珠岩、泡沫塑料等块材或板材等。

2.屋顶保温层的位置

保温层在屋面构造的位置有以下两种。

(1) 正铺保温层,即保温层位于结构层与防水层之间,如图 6-14 所示。

(2) 倒铺保温层,即保温层位于防水层之上,如图 6-15 所示。

3.隔汽层

当严寒及寒冷地区屋面结构冷凝界面内侧实际具有的蒸汽渗透阻小于所需值,或其他地区室内湿气有可能透过屋面结构层进入保温层时,应设置隔汽层。

由于保温层下面设置隔汽层,上面设置防水层,即保温层的上下两面均被油毡封闭住。而在施工中往往出现保温材料或找平层未干透,其中残存一定的水汽无法散发。为了解决这个问题,可以在保温层上部或中部设置排气出口,排气出口应埋设排气管,如图6-16所示。穿过保温层的排气管及排气道的管壁四周应均匀打孔,以保证排气的畅通。排气管周围与防水层交接处应做附加层,排气管的泛水处及顶部应采取防止雨水进入的措施。

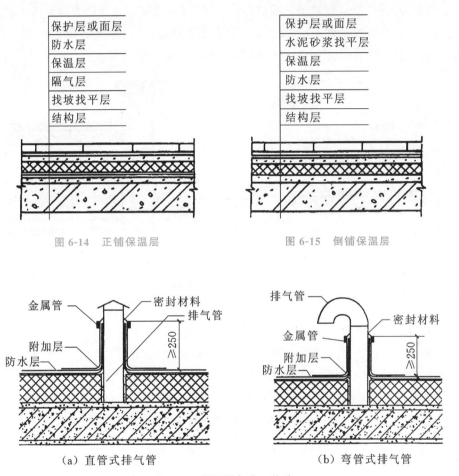

图 6-14　正铺保温层　　　　　图 6-15　倒铺保温层

（a）直管式排气管　　　　　（b）弯管式排气管

图 6-16　屋面排气出口构造

6.4.2　平屋面隔热

我国南方地区夏天太阳辐射强,气候炎热,屋面温度较高,为了改善居住条件,需对屋顶进行隔热处理,以降低屋面热量对室内的影响。常用的隔热措施有屋面通风隔热、蓄水隔热和种植隔热三种。

1. 屋面通风隔热

通风隔热就是在屋面设置架空通风间层,使其上层表面遮挡太阳辐射,同时利用风压和热压作用使间层中的热空气被不断带走。通风间层的设置通常有两种方式:一种是在屋面上做架空通风隔热间层,另一种是利用顶棚与屋面之间的空间做顶棚通风隔热间层。

(1) 架空通风隔热。

架空通风隔热间层设于屋面防水层上,架空通风层通常用砖、瓦、混凝土等材料及制品制作,如图 6-17(a)所示。架空隔热屋面宜在通风较好的建筑上采用,不宜在寒冷地区采用。架空通风隔热层应满足以下要求:架空层的净空高度一般以 180~300 mm 为宜,屋面宽度大于 10 m 时,应在屋脊处设置通风桥以改善通风效果;为保证架空层内的空气流通顺畅,其周边应留设一定数量的通风孔,当女儿墙不宜开设通风孔时,应距女儿墙 500 mm 范围内不铺设架空板;架空隔热板的支承物可以做成砖垄墙式,也可做成砖墩式。

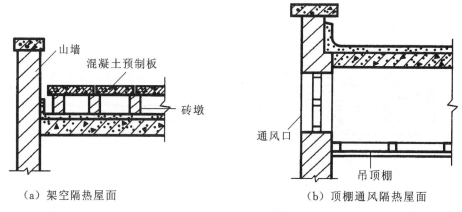

(a) 架空隔热屋面　　　　　　　(b) 顶棚通风隔热屋面

图 6-17　通风隔热屋面构造

(2) 顶棚通风隔热。

这种做法是利用顶棚与屋面之间的空间做隔热层,如图 6-17(b)所示。顶棚通风隔热层设计时应注意满足下列要求:必须设置一定数量的通风孔,使顶棚内的空气能迅速对流;顶棚通风层应有足够的净空高度,仅作通风隔热用的空间净高一般为 500 mm 左右;通风孔须考虑雨水飘进问题;应注意解决好屋面防水层的保护问题。

2. 蓄水隔热

蓄水隔热屋面利用屋面的蓄水层来达到隔热的目的,蓄水屋面构造如图 6-18 所示。蓄水屋面不宜在寒冷地区、地震地区和震动较大的地区采用,蓄水隔热屋面的蓄水池应采用强度等级不低于 C25、抗渗等级不低于 P6 的现浇混凝土,蓄水池内宜采用 20 mm 厚防水砂浆抹面。

3. 植被隔热屋面

在平屋顶上种植植物,利用植物光合作用时吸收热量和植物对阳光的遮挡来达到隔热的目的。这种植被屋面具有冬季保温和夏季隔热的性能,并能保护防水层及美化环境。植被屋面的种植介质主要为有土种植和无土种植(蛭石、珍珠岩、锯末等)。

4. 反射降温屋面

在屋面铺浅色的砾石或刷浅色涂料等,利用浅色材料的颜色和光滑度对热辐射的反射作用,将屋面的太阳辐射热反射出去,从而起到降温隔热的作用。

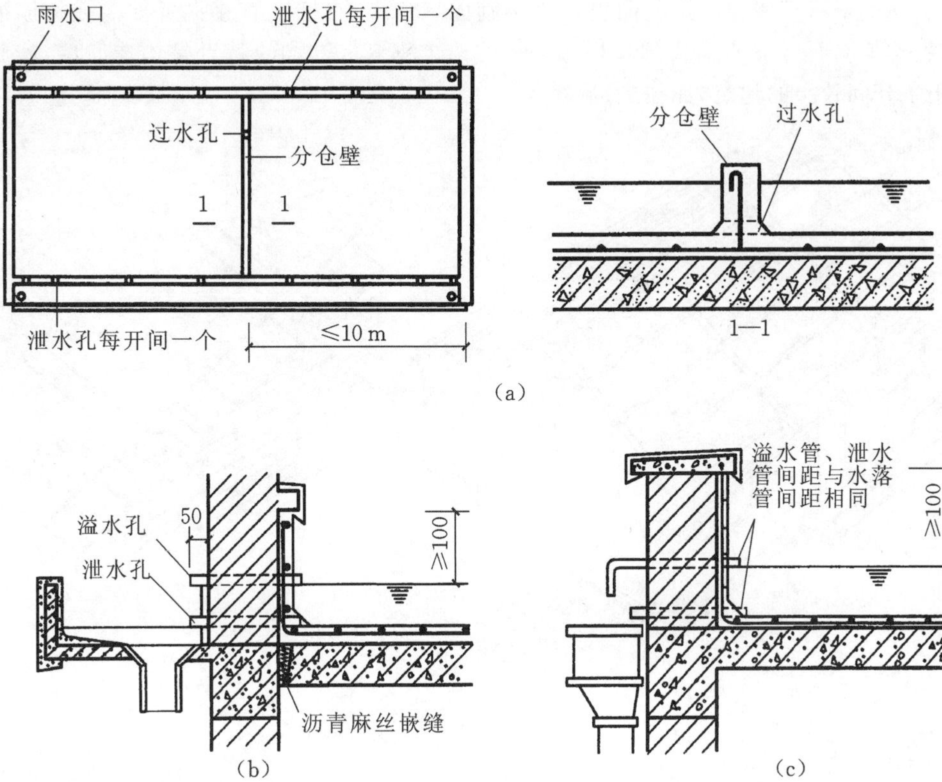

图 6-18 蓄水屋面构造

6.5 坡屋顶的构造

6.5.1 坡屋顶的组成

坡屋顶主要由屋面、承重结构、顶棚等部分组成,必要时可以增加保温层、隔热层等。屋面的主要作用是防水和围护;承重结构承受屋面荷载并把它传给墙或柱;顶棚既可以增加室内的艺术效果,又可以起到保温隔热作用。坡屋顶形式多样。坡屋顶的坡度大,排水快,易于维修,在普通中小型建筑中应用广泛。

6.5.2 坡屋顶的承重结构

坡屋顶承重结构主要有横墙承重、屋架承重、木构架承重、钢筋混凝土屋面板承重等形式。

1. 横墙承重

横墙承重是将横墙顶部按屋面坡度大小砌成三角形，在墙上直接搁置檩条或钢筋混凝土屋面板支承屋面传来的荷载，如图 6-19 所示。这种承重方式的特点是构造简单、施工方便；适用于开间较小的建筑，如住宅、旅馆等。

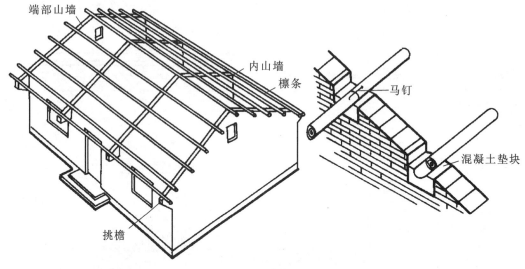

图 6-19　横墙承重

2. 屋架承重

屋架是由多个杆件组合而成的承重桁架，有木屋架、钢屋架、混凝土屋架等类型，屋架由上弦杆、下弦杆、腹杆组成。屋架的坡度较大，故一般采用三角形屋架。如图 6-20 所示。

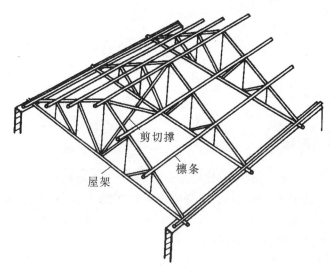

图 6-20　屋架承重

屋架应根据屋顶坡度进行布置，在四坡顶屋顶及屋顶相互交接处需增加斜梁或半屋架等构件。为保证屋架承重结构、坡屋顶的空间刚度和整体稳定性，屋架间需设水平和垂直支撑。屋架承重结构适用于有较大空间的建筑。

3. 木构架承重

由立柱和横梁组成的屋顶承重骨架称为木构架承重,它是我国古代建筑的主要结构形式,檩条置于梁上承受屋面荷载并把各排架联成一个完整的骨架,如图 6-21 所示。

这种结构形式的墙体不承受荷载,在木构架之间砌筑,仅起分隔和围护作用。构架连接点为榫齿结合,整体性及抗震性较好,但消耗木材量较大,耐火性和耐久性较差,维修费用高。

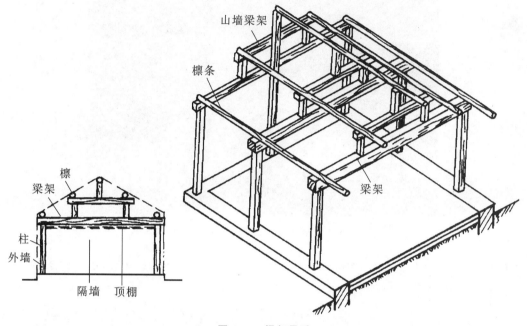

图 6-21 梁架承重

4. 钢筋混凝土屋面板承重

钢筋混凝土屋面板承重即在墙上倾斜搁置现浇或预制钢筋混凝土屋面板(类似于平屋顶的结构找坡屋面板的搁置方式)来作为坡屋顶的承重结构。其特点是节省木材,提高了建筑物的防火性能,构造简单,近年来常用于住宅建筑和风景园林建筑。

6.5.3 钢筋混凝土坡屋面构造

1. 钢筋混凝土坡屋面组成

目前最常用的是现浇钢筋混凝土坡屋面,即用钢筋混凝土现场浇筑坡屋顶梁板,在钢筋混凝土板上做防水卷材层,再贴接各种瓦材和面砖。屋面一般从下至上大致可分为结构层、找平层、防水隔热层、屋面瓦四大构造层,各构造层的质量好坏都与屋面渗漏与否密切相关,如图 6-22 所示。

2. 钢筋混凝土平瓦屋面构造

钢筋混凝土平瓦屋面的构造可分为两种,一是将断面形状呈倒 T 形或 F 形的预制钢筋混凝土挂瓦板固定在横墙或屋架上,然后在挂瓦板的板肋上直接挂瓦,如图 6-23 所示。二

图 6-22　钢筋混凝土坡屋面构造组成

是采用钢筋混凝土屋面板作为屋顶的结构层,上面固定挂瓦条挂瓦,或用水泥砂浆、麦秸泥等固定平瓦,如图 6-24 所示。

图 6-23　钢筋混凝土板平瓦屋面

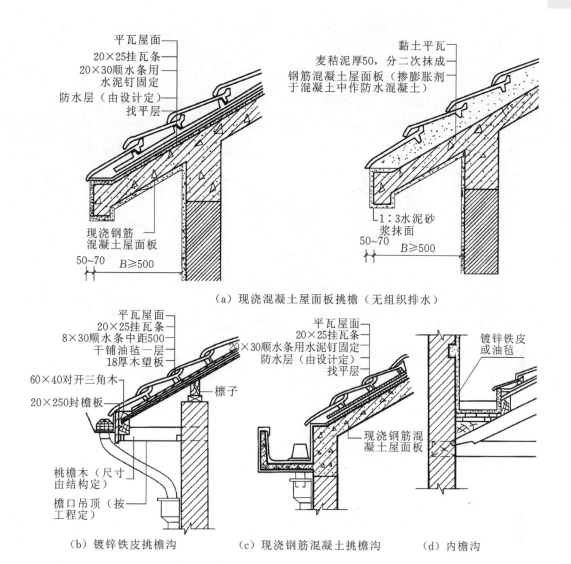

（a）现浇混凝土屋面板挑檐（无组织排水）

（b）镀锌铁皮挑檐沟　　（c）现浇钢筋混凝土挑檐沟　　（d）内檐沟

图 6-24　钢筋混凝土屋面板基层平瓦屋面

复习思考题

一、填空题

1.平屋面的排水坡度可通过（　　　）找坡和（　　　）找坡两种方法形成。

2.通常根据屋顶坡度不同,屋顶可划分为（　　）、（　　）和（　　）。

3.平屋顶的排水方式分为（　　）和（　　）两种方式。

二、判断题

1.无组织排水就是不考虑排水问题。（　　　）

2.泛水的高度是自屋面保护层算起高度不小于 25 mm。（　　　）

3.材料找坡也就是在楼板搁置时形成所要求的坡度。（　　　）

三、选择题

1.平屋面排水坡度通常用(　　　)。

A.2%~5%　　　　　　B.10%　　　　　　C.6%　　　　　　D.2%~4%

2.屋顶构造设计最核心的要求是(　　　)。

A.美观　　　　　　　B.承重　　　　　　C.防水　　　　　　D.保温、隔热

3.屋面防水等级可分为(　　　)级。

A.二　　　　　　　　B.三　　　　　　　C.四　　　　　　　D.五

4.一般工业建筑对顶棚水平要求不高,常采用(　　　)。

A.构造找坡　　　　　　　　　　　　　B 结构找坡

C.轻质混凝土找坡　　　　　　　　　　D.炉渣混凝土找坡

5.寒冷地区建筑、高层建筑屋面排水方式宜采用(　　　)。

A.内排水　　　　　　　　　　　　　　B.外排水

C.女儿墙外排水　　　　　　　　　　　D.挑檐沟外排水

6.卷材防水屋面的基本构造层次为(　　　)。

A.结构层、找坡层、找平层、防水层、隔离层、保护层

B.结构层、找坡层、结合层、防水层、保护层

C.结构层、找坡层、保温层、防水层、保护层

D.结构层、找平层、防水层、隔热层

7.下面哪种材料不宜用于屋面保温层(　　　)。

A.混凝土　　　　　　　　　　　　　　B.水泥蛭石

C.聚苯乙烯泡沫塑料　　　　　　　　　D.水泥珍珠岩

8.对于保温屋面,通常在保温层下设置(　　　),以防止室内水蒸气进入保温层内。

A.找平层　　　　　　　　　　　　　　B.保护层

C.隔汽层　　　　　　　　　　　　　　D.隔离层

9.泛水是指屋面防水层与高出屋面的构件(女儿墙、烟囱、管道等)外表面交接处的防水构造处理、做法,先用水泥砂浆或细石混凝土将交接处的直角抹成(　　　),防水材料上翻(　　　),收头处理。

A.圆弧或钝角　不少于250 mm　　　　B.直角或钝角　不少于500 mm

C.圆弧或钝角　不高于250 mm　　　　D.直角或钝角　不高于500 mm

10.以下说法中正确的是(　　　)。

A.卷材防水层施工时,应先进行细部构造处理

B.卷材施工时应由屋面最高标高处向下铺贴

C.檐沟、天沟卷材施工时,宜顺着檐沟、天沟方向铺贴,搭接缝应垂直于流水方向

D.卷材宜垂直于屋脊铺贴,上下层卷材不得相互垂直铺贴

四、简答题

1.平屋顶有哪些类型？各有什么作用？

2.屋顶设计的要求有哪些？

3.简述屋面的排水方式,常见的有组织排水方案有几种？

4.形成屋面排水坡度的方法有哪些？简述各自做法。

5.卷材屋面的构造层有哪些？各层做法如何？

6.卷材防水屋面的泛水、天沟、檐口等细部构造的要点是什么？（注意识记典型构造图）

7.什么是涂膜防水屋面？其基本构造层次有哪些？

8.屋面的保温材料有哪几类？其保温构造的做法是怎样的？用构造图表示。

9.平屋面的隔热有哪几种做法？用构造图表示。

10.坡屋顶的承重结构有哪几种类型？请简述。

11.简述平瓦屋面的构造做法。

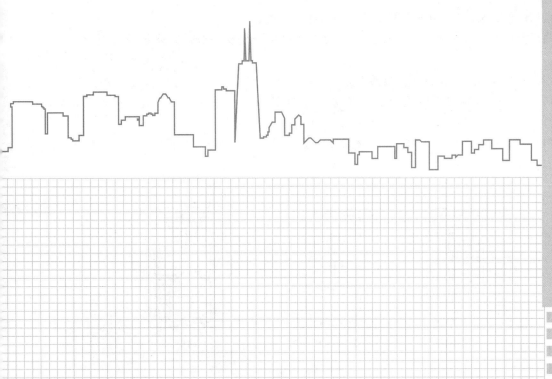

　　了解楼梯的形式,熟悉楼梯的组成;了解楼梯设计的基本知识,能识读楼梯的平面图和剖面图;掌握现浇钢筋混凝土楼梯的构造,了解预制钢筋混凝土楼梯的构造;掌握室外台阶与坡道的构造。

　　楼梯、台阶、坡道和电梯是建筑中的垂直交通设施。楼梯应满足人们正常的垂直交通,搬运家具、设备和紧急情况下安全疏散的要求,其数量、位置、形式应符合《建筑设计防火规范》(GB 50016—2014)(2018 版)等相关规范的规定。多数楼梯间对建筑的立面效果具有一定的修饰作用,应考虑楼梯对建筑整体空间效果的影响。

　　电梯是建筑的主要垂直交通设施,楼梯是建筑的安全疏散通道和辅助垂直交通设施。根据建筑的规模、功能及使用的要求,有的建筑需要设置自动扶梯、台阶和坡道。

7.1　楼梯概述

7.1.1　楼梯的形式

　　楼梯的形式较多,可根据不同条件将楼梯进行分类。

　　(1) 按照楼梯的材料分类。楼梯可分为钢筋混凝土楼梯、钢楼梯、木楼梯及组合材料楼梯。

　　(2) 按照楼梯的位置分类。楼梯可分为室内楼梯和室外楼梯。

　　(3) 按照楼梯的使用性质分类。楼梯可分为主要楼梯、辅助楼梯、疏散楼梯及消防楼梯。

　　(4) 按楼梯间的平面形式分类。楼梯可分为开敞楼梯间、封闭楼梯间、防烟楼梯间,如图 7-1 所示。

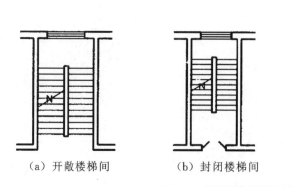

(a) 开敞楼梯间　　　　　(b) 封闭楼梯间　　　　　(c) 防烟楼梯间

图 7-1　楼梯间的平面形式

　　(5) 按布置方式和造型不同分类。楼梯可分为单跑直楼梯、双跑直楼梯、转角楼梯、双跑平行楼梯、三跑楼梯、双分平行楼梯、双合平行楼梯、交叉楼梯、剪刀楼梯、弧线楼梯、螺旋楼梯等,如图 7-2 所示。

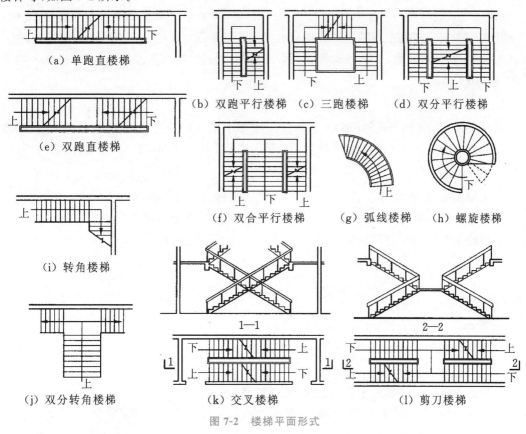

（a）单跑直楼梯　（b）双跑平行楼梯　（c）三跑楼梯　（d）双分平行楼梯

（e）双跑直楼梯　（f）双合平行楼梯　（g）弧线楼梯　（h）螺旋楼梯

（i）转角楼梯　（j）双分转角楼梯　（k）交叉楼梯　（l）剪刀楼梯

图 7-2　楼梯平面形式

7.1.2　楼梯的组成

楼梯一般由梯段、中间平台和栏杆与扶手组成,如图 7-3 所示。

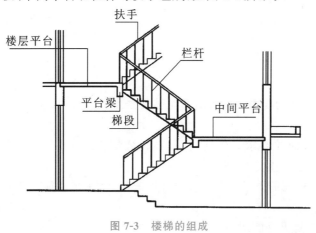

图 7-3　楼梯的组成

1. 楼梯梯段

楼梯梯段是指设有踏步,供建筑物楼层之间上下行走的通道段落。踏步又分为踏面(供行走时踏脚的水平部分)和踢面(形成踏步高差的垂直部分)。楼梯的坡度大小就是由踏步尺寸决定的。

《民用建筑设计统一标准》(GB 50352—2019)规定,每个梯段踏步级数不应超过 18 级,亦不应少于 3 级。梯段之间的空隙称为梯井,梯井一般是为楼梯施工方便而设置的。对于托儿所、幼儿园、中小学校及其他少年儿童专用场所,当梯井净宽大于 0.2 m 时,必须采取防止儿童坠落的措施。

2. 楼梯平台

楼梯平台是联系两个楼梯段的水平构件,根据其位置不同分为转折平台(休息平台)和楼层平台。梯段改变方向时,平台扶手处的平台最小宽度不应小于梯段净宽,并不得小于 1.2 m。

3. 栏杆和扶手

为了使用安全,在楼梯段的临空侧边缘应设置栏杆或栏板。楼梯应至少于一侧设扶手,梯段净宽达三股人流时,两侧均应设扶手。室内楼梯扶手高度自踏步前缘线量起不宜小于 0.9 m,楼梯水平栏杆或栏板长度大于 0.5 m 时,其高度不应小于 1.05 m。

7.2 楼梯设计

楼梯的设计包括楼梯的布置和数量,楼梯的宽度、坡度、净空高度等各部分尺度的协调,楼梯的防火、采光和通风等方面。具体设计时要与建筑平面、建筑功能、建筑空间与建筑环境艺术等因素联系起来,同时,必须符合有关建筑设计的标准和规范的要求。

楼梯设计　楼梯设计微课

1. 楼梯的布置和数量

根据楼梯建筑功能要求,楼梯位置、数量、宽度必须根据建筑物内部交通、疏散要求而定。楼梯应满足以下要求。

(1)楼梯功能方面的要求。楼梯数量、宽度尺寸、平面形式、细部做法等均应满足楼梯功能要求。

(2)结构、构造方面的要求。楼梯应有足够的强度和刚度;楼梯间具有良好的采光和通风条件。

(3)防火、安全方面的要求。楼梯间距、楼梯数量均应符合《建筑设计防火规范》(GB 50016—2014)(2018 版)规定。

(4)经济及施工方面的要求。在选择楼梯形式时,在满足功能和美观要求的同时,尽可能节省投资、便于施工。

公共建筑内每个防火分区或一个防火分区的每个楼层,其安全出口的数量应经计算确定,且不应少于 2 个。符合下列条件之一的公共建筑,可设置 1 个安全出口或 1 部疏散楼梯:①除托儿所、幼儿园外,建筑面积不大于 200 m² 且人数不超过 50 人的单层公共建筑或多层公共建筑的首层;②除医疗建筑,老年人照料设施,托儿所、幼儿园的儿童用房,儿童游乐厅等儿童活动场所和歌舞娱乐放映游艺场所等外,符合表 7-1 规定的公共建筑。

表 7-1　设置一个疏散楼梯的公共建筑条件

耐火等级	最多层数	每层最大建筑面积/m²	人数
一、二级	3层	200	第二层和第三层人数之和不超过50人
三级	3层	200	第二层和第三层人数之和不超过25人
四级	2层	200	第二层人数不超过15人

2. 楼梯的各部位名称与尺度

(1) 楼梯的坡度。

楼梯的坡度是指楼梯段的坡度,应根据人流行走舒适、安全和楼梯间的面积等因素综合考虑。坡度过小,楼梯段水平投影长度大,楼梯间面积就大;坡度过大,虽节约楼梯间面积,但行走较吃力、不安全。楼梯的允许坡度范围在 23°~45°之间,常用楼梯坡度宜为 30°左右。坡度大于 45°时,由于坡度较陡称为爬梯。坡度小于 23°时,只需做成斜面就可以解决通行问题,称为坡道。楼梯坡度适用范围如图 7-4 所示。

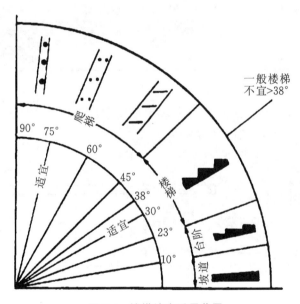

图 7-4　楼梯坡度适用范围

(2) 踏步尺寸。

楼梯踏步是由水平踏面和垂直踢面组成,踏步尺寸决定了楼梯的坡度。为使人们在上下楼梯时行走舒适,踏步宽度与踏步高度(踢面高)之间应满足下列经验公式:

$$b+h\approx450 \text{ mm}$$

$$2h+b=600\sim620 \text{ mm}$$

式中:h——踏步高,mm;

　　　b——踏步宽,mm。

踏步的高度不应高于 175 mm,踏步宽度不应窄于 260 mm,为了增加行走的舒适感,可将踏步突出 20~30 mm,做成踏口或将踢面做成斜面,如图 7-5 所示。

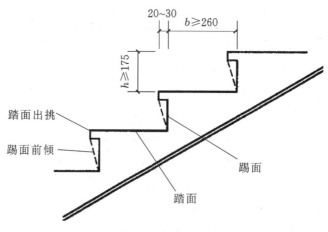

图 7-5　踏步尺寸

踏步尺寸应满足建筑物的使用要求,不同类型的建筑物,其要求也不相同,见表 7-2。

表 7-2　常用适宜踏步尺寸

单位:mm

建筑类别	住宅	学校、办公楼	剧院、会堂	医院	幼儿园
踏步高 h	150～175	140～160	120～150	120～150	120～150
踏步宽 b	260～300	280～340	300～350	300～350	260～280

(3)梯段宽度。

楼梯梯段是楼梯的基本组成部分,楼梯梯段的宽度(净宽)是指墙面到扶手中心线的水平距离。楼梯各部位尺寸定义如图 7-6 所示。

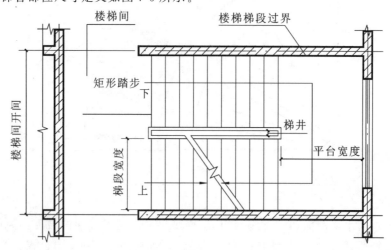

图 7-6　楼梯各部位尺寸定义

楼梯梯段的宽度是根据通行人数、消防要求和使用要求确定的,不同类型的建筑应根据楼梯的使用性质,按每股人流为 550～700 mm 确定,如图 7-7 所示,但都不应少于 2 股人流,公共建筑人流众多应取上限。《住宅设计规范》(GB 50096—2011)规定,楼梯梯段净宽不应小于 1.10 m;不超过 6 层的住宅,设有栏杆的梯段净宽不应小于 1.00 m。

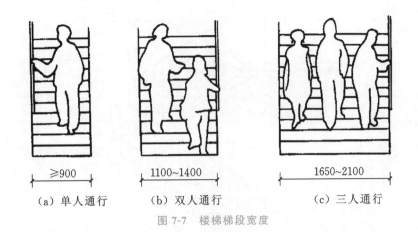

（a）单人通行　　（b）双人通行　　（c）三人通行

图 7-7　楼梯梯段宽度

（4）梯井宽度。

两个梯段之间的空隙称为梯井,梯井一般是为楼梯施工方便而设置的,梯井宽度一般为 60～200 mm,公共建筑梯井宽度不宜小于 150 mm。有儿童使用的楼梯,其宽度一般在 0.10 m 左右,梯井净宽大于 0.11 m 时,必须采取防止儿童攀滑的措施。

（5）平台宽度。

平台的净宽是指扶手处平台的宽度。楼梯平台净宽不应小于楼梯梯段净宽,且不得小于 1.20 m。为方便扶手转弯,休息平台宽度应取楼梯段宽度再加上 1/2 踏步宽。如图 7-8。

开敞式楼梯间的楼层平台是同走廊连在一起的,平台宽度可以小于上述规定,但是踏步起步线至走廊边线距离不应小于 500 mm,如图 7-9 所示。

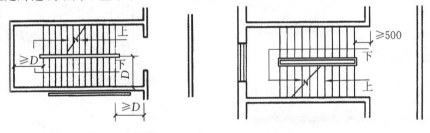

图 7-8　平台宽度与梯段净宽关系　　图 7-9　开敞式楼梯间楼层平台的宽度

（6）楼梯净空高度。

楼梯的净空高度包括梯段净高和平台净高。梯段净高是自踏步前缘(包括最低和最高一级踏步前缘 300 mm 范围)至上方结构下缘的垂直距离;平台净高是指平台地面至上方结构下缘的垂直距离。考虑到行走安全和搬运物件,楼梯的净空高度在梯段处应大于 2.2 m,在平台处应大于 2.0 m,如图 7-10 所示。

当楼梯底层中间平台下做通道时,为保证净空高度要求,常采用下列处理方式。

① 将首层第一跑梯段加长,提高中间平台高度,如图 7-11（a）所示。

② 降低底层中间平台下地面标高,将部分室外台阶移至室内,如图 7-11（b）所示。

③ 将上述两种方法结合起来,即将首层第一跑梯段加长,降低底层中间平台下地面标高,如图 7-11（c）所示。

④ 底层楼梯采用直跑式。此时应当注意入口处的地面标高,以保证净空高度要求,如图 7-11（d）所示。

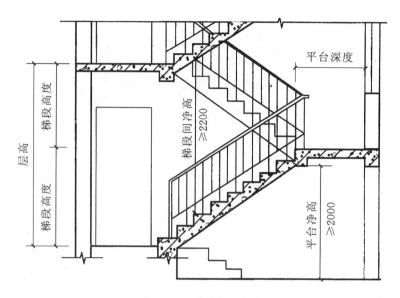

图 7-10　楼梯净空高度

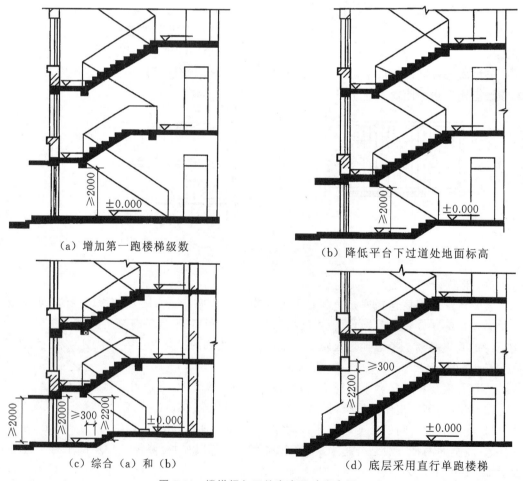

（a）增加第一跑楼梯级数

（b）降低平台下过道处地面标高

（c）综合（a）和（b）

（d）底层采用直行单跑楼梯

图 7-11　楼梯间入口处净空尺寸示意图

（7）扶手高度。

《民用建筑设计统一标准》规定,室内楼梯扶手高度自踏步前缘线量起不宜小于 0.9 m。楼梯水平栏杆或栏板长度大于 0.5 m 时,其高度不应小于 1.05 m。《住宅设计规范》规定,楼梯栏杆垂直杆件间净空高度不应大于 0.11 m,设置双层扶手时下层扶手高度宜为 0.65 m。疏散用室外楼梯栏杆扶手高度不应小于 1.10 m。

3. 高层建筑的楼梯

一类高层公共建筑和建筑高度大于 32 m 的二类高层公共建筑,其疏散楼梯采用防烟楼梯间。裙房和建筑高度不大于 32 m 的二类高层公共建筑,其疏散楼梯应采用封闭楼梯间。

高层建筑中作为主要通行用的楼梯,其梯段宽度指标高于一般建筑,《建筑设计防火规范》(2018 版)规定,高层建筑每层疏散楼梯的最小净宽度不应小于表 7-3 的规定。

表 7-3　高层建筑疏散楼梯的最小净宽度　　　　　　　　　　　单位:m

建筑类别	疏散楼梯的最小净宽度
高层医疗建筑	1.30
其他高层公共建筑	1.20

7.3　钢筋混凝土楼梯

钢筋混凝土楼梯具有坚固耐用、耐火耐久性能好等特点,因此,在民用建筑中大量采用。按施工方式不同,钢筋混凝土楼梯分为现浇整体式和预制装配式两大类。

7.3.1　现浇整体式钢筋混凝土楼梯构造

现浇整体式钢筋混凝土楼梯是在施工现场支模、绑扎钢筋、浇筑混凝土而成的,这种楼梯可塑性强、整体性好、有利于抗震。但施工工序多,施工速度慢。根据梯段的结构形式不同分为板式楼梯和梁式楼梯两种。

1. 板式楼梯

板式楼梯的梯段是一块斜放的带锯齿板,它通常由梯段板、平台板、平台梁组成,如图 7-12(a)所示。其传力路径是:梯段板承受梯段上的全部荷载,并将荷载传给平台梁,平台梁将荷载传给墙或柱。板式楼梯适用于荷载较小、层高较小的建筑,其经济跨度不大于 4.0 m。

有时为了保证平台过道处的净空高度,可以在板式楼梯的局部位置取消平台梁,称之为折板式楼梯,如图 7-12(b)所示。此时板的跨度应为梯段水平投影长度与平台深度尺寸之和。

2. 梁式楼梯

梁式楼梯是指由斜梁承受梯段上全部荷载的楼梯。踏步板支承在斜梁上,斜梁又支承在两端平台梁上,如图 7-13 所示。梯段梁可布置在梯段的两侧形成双梁式,双梁式梯段板跨小,结构合理;梯段梁也可布置在梯段的中间或一侧形成单梁式,单梁式梯段外形轻巧、造型美观,且可以释放出某些垂直承重构件所占据的空间,有利于交通的组织,但受力复杂。梁式楼梯适用于梯段跨度大,荷载较大的建筑。根据梯段梁的位置可分为明步(正梁式)和暗步(反梁式),明步是指斜梁在踏步板下面,暗步是指斜梁在踏步板上面。采用暗步做法时,梯段底面平整,便于清洁,但斜梁占据梯段的部分宽度,如图 7-14 所示。

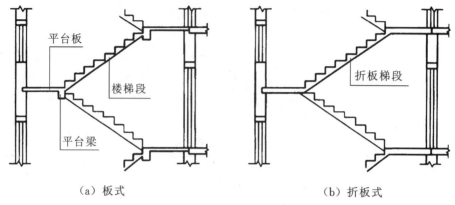

（a）板式　　　　　　　　　　（b）折板式

图 7-12　板式楼梯

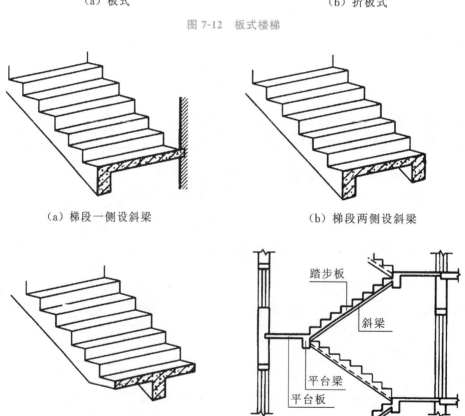

（a）梯段一侧设斜梁　　　　　　（b）梯段两侧设斜梁

（c）梯段中间设斜梁　　　　　　（d）梁式楼梯剖面

图 7-13　梁式楼梯

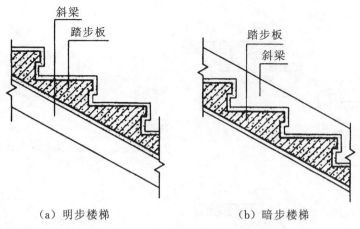

（a）明步楼梯　　　　　　（b）暗步楼梯

图 7-14　明步楼梯和暗步楼梯

7.3.2　预制装配式钢筋混凝土楼梯构造

预制装配式钢筋混凝土楼梯的构造形式较多,按构件大小分为小型预制装配式钢筋混凝土楼梯和中型、大型预制装配式钢筋混凝土楼梯。

1. 小型预制装配式钢筋混凝土楼梯

小型预制装配式楼梯的构件尺寸小、质量轻、数量多,具有构件生产、运输、安装方便等优点,但施工较复杂、施工进度慢、现场湿作业多、人力消耗大,适用于施工条件较差的场合。

小型预制装配式楼梯主要有梁承式、墙承式和悬臂式三种。

（1）梁承式楼梯。

梁承式楼梯是由踏步板、斜梁、平台梁和平台板装配而成的。这些基本构件的支承关系是:踏步板支承在斜梁上,斜梁支承在平台梁上,平台梁支承在楼梯间两侧墙上,平台板可以支承在两侧墙上,也可以一边搁置在墙上,另一边支承在平台梁上。（见图 7-15）

（2）墙承式楼梯。

墙承式楼梯是把预制的踏步板搁置在两侧的墙上,此时踏步板相当于一块靠墙体支承的简支板。墙承式楼梯适用于两层建筑的直跑楼梯。双跑平行楼梯如果采用墙承式,必须在原楼梯井处设墙,作为踏步板的支座。墙承式楼梯的踏步板与平台之间没有传力的关系,可以不设平台梁。墙承式楼梯的踏步板可以做成 L 形、三角形、一字形;平台板可以采用实心板,也可以采用空心板和槽形板。为了确保行人的通行安全,应在楼梯间侧墙上设置扶手。

（3）悬臂式楼梯。

悬臂楼梯又称悬臂踏板楼梯。悬臂楼梯的踏步板一端嵌入楼梯间侧墙内,另一端形成悬臂。踏步板的截面形式有一字形、正 L 形、反 L 形,正 L 形最常见。为了施工方便,踏步板砌入墙体部分均为矩形。

悬挑式楼梯的悬臂长度一般不超过 1.5 m,在具有冲击荷载时或地震区不宜采用。楼梯的平台板可以采用钢筋混凝土实心板、空心板和槽形板,搁置在楼梯间两侧墙体内。悬挑式、墙承式楼梯构造如图 7-16 所示。

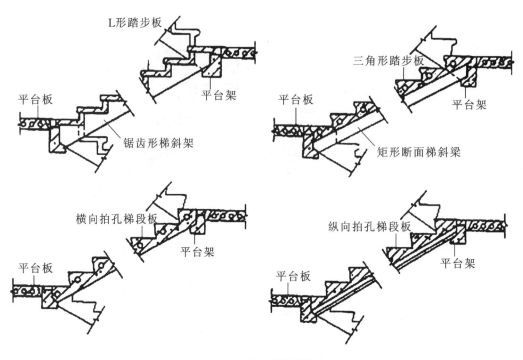

图 7-15　梁承式楼梯构造

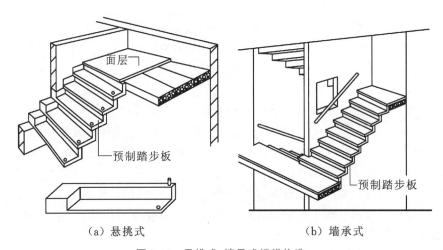

（a）悬挑式　　　　　　　　（b）墙承式

图 7-16　悬挑式、墙承式楼梯构造

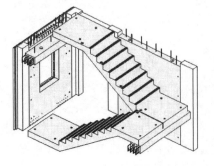

图 7-17　中型、大型预制装配式楼梯构造

2. 中型、大型预制装配式楼梯

当施工现场吊装能力较强时，可以采用中型、大型预制装配式楼梯。中型、大型预制装配式楼梯一般是把楼梯段和平台板作为基本构件，构件的体量大、规格和数量少，装配容易、施工速度快，适于在成片建设的大量性建筑中使用。中型、大型预制装配式楼梯构造如图 7-17 所示。

7.3.3　楼梯细部构造

楼梯细部构造是指楼梯踏步面层、栏杆、扶手、栏板等的细部处理。

1. 踏步面层及防滑构造

踏步面层材料应具有耐磨、防滑、便于清洁等特点。踏步面层常用的材料有水泥砂浆、水磨石、面砖、各种天然石材等。公共建筑楼梯踏步面层经常与走廊地面面层采用相同的材料。

为防止人们在使用楼梯时滑跌，在踏步前缘应有防滑措施，对于人流量大、表面光滑的楼梯必须对踏步面层进行处理，处理的方法是设置防滑条，常用的防滑条有金刚砂防滑条、铝合金等金属防滑条、橡皮条等，也可在踏步面层设置防滑槽。常见的踏步防滑构造如图7-18所示。

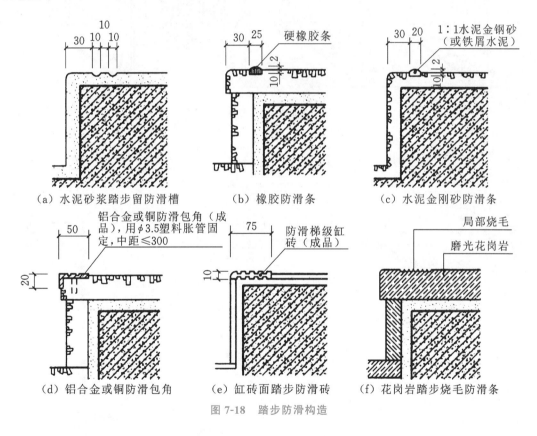

图 7-18　踏步防滑构造

2. 栏杆、栏板

为了保证楼梯的使用安全，在楼梯段和平台的临空一侧应设栏杆或栏板，栏杆(板)和扶手应有足够的强度，必须能承受一定的侧向冲击力，保证在人多拥挤时楼梯的使用安全。栏杆多采用金属材料制作，使用相同或不同规格的金属型材拼接成空花栏杆，如图7-19所示。

在栏杆之间固定安全玻璃、钢丝网、钢板网等就形成了栏板，栏板也可用钢筋混凝土制作，厚度一般不超过80 mm，如图7-20所示。

栏杆与梯段及平台的连接,如图 7-21 所示,可与楼梯、平台的预埋件焊接、膨胀螺栓固定,或插入踏步、平台的预留孔中坐浆连接。

3. 扶手

楼梯扶手是楼梯护栏的支撑杆,设置在栏杆的顶部。楼梯扶手按材料分为高分子扶手、金属(铁艺、不锈钢)扶手、实木扶手。扶手断面尺寸要考虑人的手掌,并注意美观,其尺寸一般为高 80～120 mm,宽 60～80 mm。室外楼梯不宜使用木扶手,以免淋雨后变形和开裂。

木扶手与栏杆的固定是通过木螺丝拧在栏杆上部焊接的通长扁铁上;高分子、塑料扶手是卡在通长扁铁上;金属扶手是焊接或铆接在栏杆上,如图 7-22 所示。

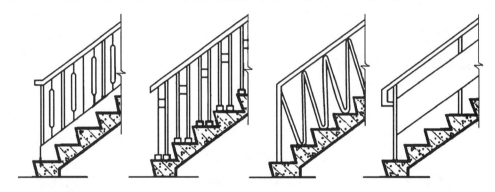

图 7-19　空花栏杆示意图

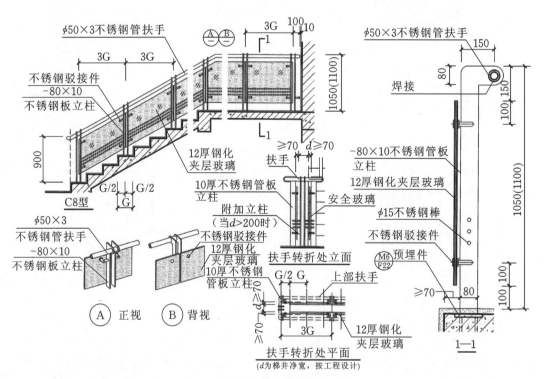

图 7-20　栏板示意图

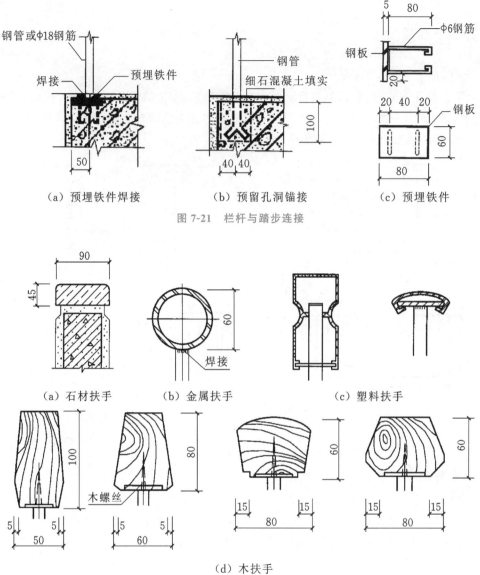

图 7-21　栏杆与踏步连接

图 7-22　楼梯扶手类型

7.4　台阶与坡道

在建筑入口处设置台阶和坡道是解决建筑室内外地坪高差的过渡构造措施,一般多采用台阶;当有车辆出入、残疾人通行或是室内外地面高差较小时,可设置坡道,有时台阶和坡道同时设置。台阶和坡道在建筑入口处对建筑物的立面具有一定的装饰作用,设计时要同时考虑使用和美观。有些建筑由于使用功能或精神功能的需要,设有较大的室内外高差或把建筑入口设在二层,此时就需要大型的台阶和坡道与其配合。

7.4.1 台阶

1. 台阶的形式

台阶的平面形式较多,常见的台阶形式有单面踏步、两面踏步、三面踏步、单面踏步带花池(花台)等,如图 7-23 所示。有些大型公共建筑把坡道与台阶合并成一个构件,强调了建筑的重要性,例如酒店、政府办公建筑等。

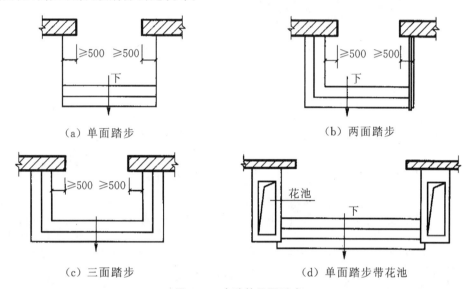

(a) 单面踏步　　　　　　　　　　　(b) 两面踏步

(c) 三面踏步　　　　　　　(d) 单面踏步带花池

图 7-23　台阶的平面形式

2. 台阶的设计要求

台阶由踏步和平台组成,其坡度小于楼梯,踏步的高宽比一般为 1:2～1:4,踏步高度为 100～150 mm,踏步宽度为 300～400 mm。台阶与室内之间应设置缓冲平台,平台宽不宜小于 1000 mm,为防止雨水流入室内,平台应做成 1%～4% 的向外坡度,平台面层标高应比室内地面标高低 20～50 mm。

人流密集场所台阶的高度超过 0.70 m 时,宜有护栏设施;台阶平台的宽度应大于所连通的门洞口宽度,一般每边至少宽出 500 mm;影剧院、体育馆观众厅疏散出口门内外 1400 mm 范围内不能设台阶踏步;台阶踏步数不应少于 2 步;台阶和踏步应充分考虑雨、雪天气时的通行安全,宜用防滑性能好的面层材料;室外台阶宜用耐久性、耐磨性、抗冻性好的材料。

3. 台阶的构造

台阶的构造分实铺和架空两种,大多数台阶采用实铺。

实铺台阶的构造与室内地坪的构造相似,包括基层、垫层、结构层和面层,如图 7-24 所示。基层是夯实土;垫层可用三合土、灰土、碎石等;结构层多采用混凝土、碎砖混凝土或砌砖;面层多采用水泥砂浆、水磨石、剁斧石、面砖、天然石材等。在严寒地区,为保证台阶不受土壤冻胀影响,台阶下部一定要铺粗颗粒垫层,如粗砂、碎石、矿渣等。

当台阶尺度较大或土壤冻胀严重时,为保证台阶不开裂和塌陷,往往选用架空台阶。架空台阶的平台板和踏步板均为预制钢筋混凝土板,分别搁置在梁上或砖砌的垄墙上,如图 7-25 所示。

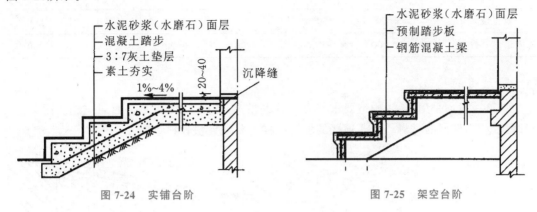

图 7-24　实铺台阶　　　　　　　　　　　　图 7-25　架空台阶

由于台阶与建筑主体在承受荷载和沉降方面差异较大,一般台阶与建筑主体是分开的,在建筑主体工程完成后,要处理好台阶与建筑主体之间的沉降缝。

7.4.2　坡道

1. 坡道的分类

坡道按照其用途的不同,可分为行车坡道和轮椅坡道两类。行车坡道分为普通行车坡道与回车坡道两种,如图 7-26 所示。

（a）普通行车坡道　　　　　　　　　　　　（b）回车坡道

图 7-26　行车坡道

普通行车坡道设在有车辆进出的建筑入口处,如车库、库房等。回车坡道与台阶组合在一起,布置在大型公共建筑的出入口处,如办公楼、医院、酒店等。

轮椅坡道又称残疾人坡道,是专供残疾人使用的。

2. 坡道的尺寸和坡度

普通行车坡道的宽度应大于所连通的门洞口宽度,一般每边不小于 500 mm。坡道的坡度与建筑的室内外高差及坡道的面层防滑处理有关。室内坡道的坡度不宜大于 1∶8,并应有防滑措施;室外坡道的坡度不宜大于 1∶10;供轮椅使用的坡道坡度不应大于 1∶12。坡道的坡度、坡道的高度和水平投影的最大容许值见表 7-4。

表 7-4　每段坡道的坡度、高度和水平投影长度的最大容许值　　单位:mm

坡道坡度	1∶20	1∶16	1∶12	1∶10	1∶8	1∶6
坡道最大高度	1500	1000	750	600	350	200
坡道水平投影长度	30 000	16 000	9000	6000	2800	1200

3.坡道的构造

坡道一般均采用实铺,构造要求与台阶基本相同,如图 7-27 所示。面层应选用耐久性、耐磨性、抗冻性好的材料。严寒地区的坡道同样需要设置粗骨料垫层。

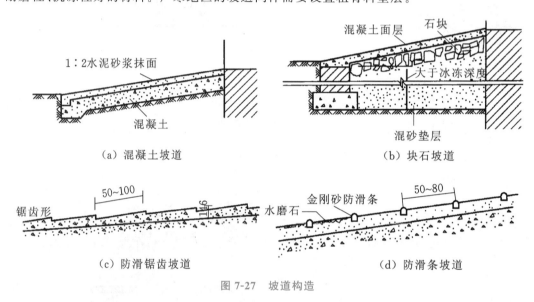

(a) 混凝土坡道　　　　　　　　　　　　(b) 块石坡道

(c) 防滑锯齿坡道　　　　　　　　　　　(d) 防滑条坡道

图 7-27　坡道构造

7.5　电梯

7.5.1　电梯的类型

1.按使用性质分

电梯可分为载人电梯、载物电梯和消防电梯三类。

2.按电梯行驶速度分

(1) 高速电梯:速度大于 5 m/s。

(2) 中速电梯:速度在 2.5～5 m/s。

(3) 低速电梯:速度小于 2.5 m/s。

7.5.2　电梯的组成及构造

电梯是由机房、轿厢和井道三部分组成,在电梯井道内有轿厢及通过钢索与轿厢相连的平衡锤,电梯通过机房内的曳引机和数控箱进行操纵来运送人员和货物,如图 7-28 所示。

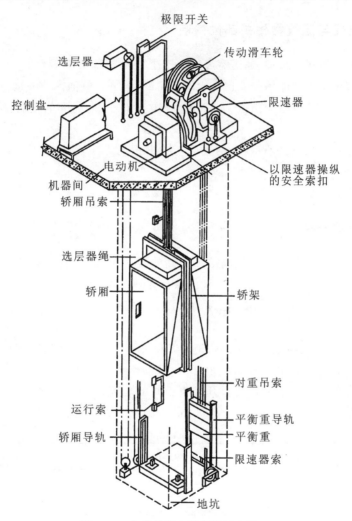

图 7-28　电梯井道内部透视示意图

1. 电梯机房

电梯机房一般设置在井道的顶部,其平面应根据电梯设备尺寸以及维修所需要的空间布置,一般沿井道平面向任意一个或两个相邻方向伸出。

2. 电梯井道

电梯井道是电梯运行的垂直通道,一般采用钢筋混凝土剪力墙。当建筑物高度小于 4.5 m 时,为使轿厢达到规定高度,井道应高出建筑物。电梯井道在建筑物底层楼面以下的部分称为井道地坑,为了安装轿厢下降时所需的缓冲器,其高度应大于 1.4 m。

3. 其他部件

(1) 轿厢。它是运送乘客或货物的部件。

(2) 井壁导轨和导轨支架。它是支承、导引轿厢上下升降的轨道。

(3) 牵引轮及其钢支架、钢丝绳、平衡锤、电梯门、检修起重吊钩、有关电器部件等。

7.5.3   电梯与建筑物相关部位构造

(1) 通向电梯机房的楼梯、通道宽度不小于 1.2 m,楼梯坡度不大于 45°。

(2) 电梯机房楼板应能承受 6 kPa 的均布荷载,且平坦整洁。

(3) 钢筋混凝土井道壁应预留 150 mm×150 mm×150 mm 的孔洞,垂直中距 2 m,以便安装支架。

(4) 框架(圈梁)上应预埋钢板,钢板应与梁中钢筋焊牢,每个楼层加圈梁一道,同时设置预埋钢板。

7.5.4   自动扶梯

自动扶梯是建筑物层间连续运输效率最高的载客设备,一般可向正、逆两个方向运行。自动扶梯可单台布置,也可采用一上一下的双台并列布置。

自动扶梯一般运输的垂直高度为 3~10 m,速度则为 0.45~0.75 m/s,常用速度为0.5~0.6 m/s。

自动扶梯的理论载客量为 4000~13 500 人次/h。自动扶梯的常用坡度为 27.3°、30°、35°,宽度一般有 600 mm、800 mm、1000 mm、1200 mm 等,如图 7-29 所示。

扶手带中心线与平行墙面或楼板开口边缘间的距离、相邻平行交叉设置时两梯(道)之间扶手带中心线的水平距离不宜小于 0.50 m,否则应采取措施,防止障碍物引起人员伤害。

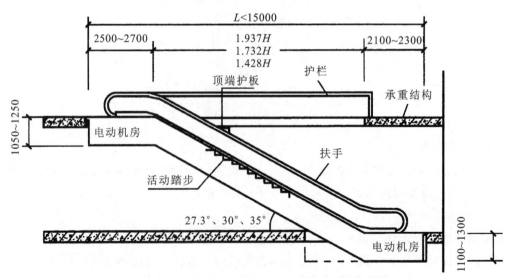

图 7-29   自动扶梯构造尺寸

复习思考题

一、填空题

1. 双股人流通过楼梯时,梯段宽度至少应为(　　　)。

2. 楼梯平台部位净高应不小于(　　　),顶层楼梯平台的水平栏杆高度不小于(　　　)。

3. 楼梯中间平台宽度是指(　　　)至转角扶手中心线的水平距离。

4. 楼梯是建筑物的垂直交通设施,一般由(　　　)、(　　　)、(　　　)等部分组成。

5. 现浇钢筋混凝土楼梯的结构形式有(　　　)和(　　　)。

6. 楼梯中间平台宽度不应(　　　)楼梯宽度。

7. 室内楼梯扶手高度不小于(　　　)mm,顶层楼梯平台水平栏杆高度不小于(　　　)mm。

二、选择题

1. (　　　)楼梯不可以作为疏散楼梯。

A.直跑楼梯　　　　B.交叉楼梯　　　　C.螺旋楼梯　　　　D.平行双跑楼梯

2. 每个楼梯的踏步数以(　　　)为宜。

A.2～10 级　　　　B.3～10 级　　　　C.3～18 级　　　　D.3～15 级

3. 楼梯段部位的净高不应小于(　　　)。

A.2200 mm　　　　B.2000 mm　　　　C.1950 mm　　　　D.2400 mm

4. 首层楼梯平台下要做出入口,其净高不应小于(　　　)。

A.2200 mm　　　　B.2000 mm　　　　C.1950 mm　　　　D.2400 mm

5. 踏步高不宜超过(　　　)mm。

A.175　　　　B.310　　　　C.210　　　　D.200

6. 室内楼梯扶手的高度通常为(　　　)mm。

A.850　　　　B.900　　　　C.1100　　　　D.1500

7. 梁式楼梯梯段由(　　　)几部分组成。

Ⅰ.平台　　Ⅱ.栏杆　　Ⅲ.梯斜梁　　Ⅳ.踏步板

A.Ⅰ Ⅱ　　　　B.Ⅱ Ⅳ　　　　C.Ⅱ Ⅲ　　　　D.Ⅲ Ⅳ

8. 在住宅及公共建筑中,楼梯形式应用最广的是(　　　)。

A.直跑楼梯　　　　B.平行双跑楼梯　　　　C.双跑直角楼梯　　　　D.扇形楼梯

9. 在楼梯组成中起到供行人间歇和转向作用的是(　　　)。

A.楼梯段　　　　B.中间平台　　　　C.楼层平台　　　　D.栏杆扶手

10. 室外台阶的踏步高一般在(　　　)左右。

A.150 mm　　　　B.200 mm　　　　C.180 mm　　　　D.100～150 mm

三、简答题

1.楼梯的功能和设计要求是什么？

2.楼梯由哪几部分组成？各组成部分起何作用？

3.常见楼梯的形式有哪些？

4.楼梯间的种类有几种？各自的特点是什么？

5.楼梯段的最小净宽有何规定？平台宽度和楼梯段宽度的关系是怎样的？楼梯段的宽度如何确定？

6.楼梯、爬梯和坡道的坡度范围是多少？楼梯的适宜坡度是多少？与楼梯踏步有何关系？

7.楼梯底层中间平台下做通道时有何要求？当不能满足时可采取哪些方法解决？

8.楼梯为什么要设栏杆、扶手？栏杆、扶手的高度一般为多少？

9.现浇钢筋混凝土楼梯常见的结构形式有哪几种？

10.小型预制装配式楼梯的支承方式有哪几种？踏步板的形式有哪几种？各对应何种截面的梁？减轻自重的方法有哪些？

11.预制钢筋混凝土悬臂楼梯有什么特点？平台构造如何处理？

12.为了使预制钢筋混凝土楼梯在同一位置起步，应当在构造上采取什么措施？

13.楼梯踏面的防滑措施有哪些？

14.栏杆与扶手、梯段如何连接？

15.观察栏杆、扶手在平行双跑楼梯平台转弯处是如何处理的？

16.观察楼梯栏杆与墙的关系处理。

17.室外台阶的组成、形式、构造要求及做法是什么？

18.轮椅坡道的坡度、长度、宽度有何具体规定？

19.坡道防滑处理方法有哪些？

20.电梯主要由哪几部分组成？电梯井道的构造要求是什么？

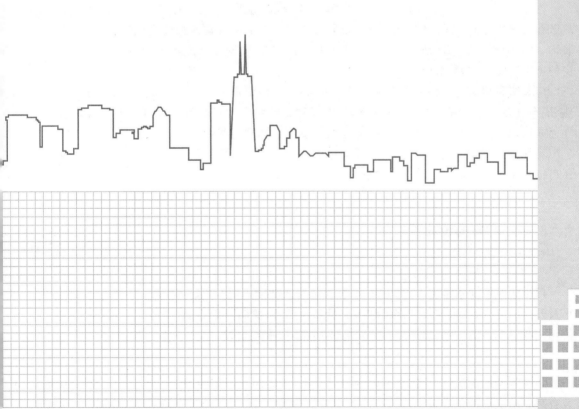

门窗

了解门窗的作用及要求；掌握门窗分类及安装方法；掌握铝合金、塑钢门窗的选型及构造要求；了解窗户遮阳的方式及构造。

门窗属于建筑中的围护及分隔构件，不承重。门的主要功能是建筑空间的出入口，带玻璃或亮子的门可起通风、采光的作用；窗的主要功能是采光、通风及眺望。另外，外墙上的窗对建筑物的外观影响也很大，它们的大小、比例尺度、位置、数量、材质、形状、组合方式等是决定建筑视觉效果的非常重要的因素之一。因此，门窗在设计时应满足采光、通风、密闭性能、热工性能、使用和交通安全及建筑视觉效果等方面的要求。

8.1　门窗的作用和设计要求

8.1.1　门窗的作用

门在建筑上的主要功能是围护、分隔和交通疏散，并兼有采光、通风和装饰作用。交通疏散和防火规范规定了门洞口的宽度、位置和数量。窗的主要建筑功能是通风和采光，兼有装饰、观景的作用。寒冷地区由门窗缝隙而损失的热量，占全部采暖耗热量的 25% 左右。门窗的密闭性的要求，是节能设计中的重要内容。

门和窗是建筑物围护结构系统中重要的组成部分，根据不同的设计要求应具有保温、隔热、隔声、防水、防火等功能。门窗对建筑物的外观及室内装修造型影响也很大。对建筑外立面来说，如何选择门窗的位置、大小、分格和造型是非常重要的。

另外，门窗的材料、五金的造型、式样还对室内装饰起着非常重要的作用。人们在室内，还可以通过透明的玻璃直接观赏室外的自然景色，调节情绪。

8.1.2　门窗的设计要求

1. 安全疏散

门是建筑空间水平出入口，它具有紧急疏散的功能，因此在设计中，门的数量、位置、大小及开启的方式，要根据设计规范和人流量来考虑，以便能通行流畅，满足安全疏散的要求。使用人数特别多的房间，门必须外开，例如：影剧院、报告厅等。

2. 采光通风

各种类型的建筑物，均需要一定的照度标准，才能满足舒适的照度卫生要求。从舒适性及合理利用能源的角度来说，在设计中，首先要考虑天然采光的因素，选择合适的窗户形式和面积。

房间的通风和换气主要靠外窗。在房间内要形成合理的通风及气流,内门窗和外窗的相对位置很重要,要尽量设置在对空气对流有利的位置,如图 8-1 所示。对于有些不利于自然通风的特殊建筑,可以采用机械通风的手段来解决换气问题。

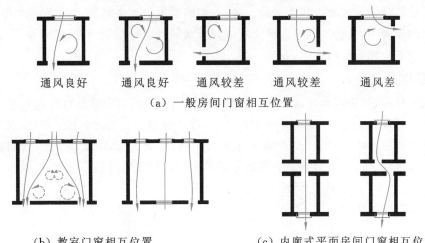

(a)一般房间门窗相互位置

(b)教室门窗相互位置　　　　　(c)内廊式平面房间门窗相互位置

图 8-1　门窗平面位置对气流组织的影响

窗与窗之间由于窗间墙产生阴影的关系,因此在理论上最好采用一樘宽窗来满足采光要求。民用建筑采光面积,除要求较高的陈列馆外,可根据窗地面积比来决定。主要使用房间的采光等级可参见《建筑采光设计标准》(GB 50033—2013),窗地面积比和采光有效进深数值见表 8-1。

表 8-1　窗地面积比和采光有效进深

采光等级	侧面采光		顶部采光
	窗地面积比(A_c/A_d)	采光有效进深(b/h_s)	窗地面积比(A_c/A_d)
I	1/3	1.8	1/6
II	1/4	2.0	1/8
III	1/5	2.5	1/10
IV	1/6	3.0	1/13
V	1/10	4.0	1/23

注:1.窗地面积比计算条件:窗的总透射比 τ 取 0.6;室内各表面材料反射比的加权平均值:I～III级取 $\rho_j=0.5$;IV级取 $\rho_j=0.4$;V级取 $\rho_j=0.3$。

2.顶部采光指平天窗采光,锯齿形天窗和矩形天窗可分别按平天窗的 1.5 倍和 2 倍窗地面积比进行估算。

3.围护作用的要求

建筑的外窗作为外围护墙的开口部分,必须考虑防风沙、防水、防盗、保温、隔热、隔声等要求,以保证室内的环境舒适,这就对门窗的构造提出了要求。如在门窗的设计中设置空腔防风缝、披水板和滴水槽,采用双层玻璃、百叶窗和纱窗等。窗框和窗扇的接缝既不宜过宽,也不宜过窄,过窄时即使风压不大,也会产生毛细管作用,使雨水吸入室内。

4.建筑设计方面的要求

门窗是建筑立面造型中的主要部分,应在满足交通、采光、通风等主要功能的前提下,适当考虑美观和造价。对窗的大小、形状、位置进行合理设计是搞好建筑立面设计的重要手段。

5. 材料的要求

随着国民经济的发展和人民生活的改善,人们的要求也越来越高,门窗的材料从最初以木门窗和钢门窗为主,发展到现在大量使用铝合金系列门窗和塑钢门窗,铝合金系列门窗的使用提升了建筑立面设计品质。

6. 门窗模数的要求

在建筑设计中,门窗洞口尺寸大小应符合模数制要求,采用模数制可以使门窗设计、施工和构件制作标准化,有助于实现建筑工业化。《建筑模数协调标准》(GB/T 50002—2013)规定我国基本模数 1M＝100 mm,门窗采用扩大模数,基数为 3M,即 300 mm。目前,门窗已基本实现标准化、规范化和商品化,各地均有标准图集和通用图集,设计时可供选用。

8.2 门

8.2.1 门的形式和尺度

1. 门的形式

按开启方式,门分为平开门、弹簧门、推拉门、折叠门、转门、卷帘门等,如图 8-2 所示。
按使用材料,门分为木门、钢木门、铝合金门、玻璃门、塑钢门等。
按构造,门分为镶板门、拼板门、夹板门、百叶门等。
按功能,门分为保温门、隔声门、防火门、防盗门等。

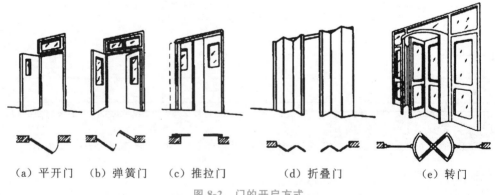

（a）平开门   （b）弹簧门   （c）推拉门   （d）折叠门   （e）转门

图 8-2 门的开启方式

（1）平开门。

平开门是指水平方向开启的门,在门扇一侧用铰链与门框相连,可做成单扇、双扇或多扇,开启方向有内开和外开。平开门具有构造简单、开启灵活、制作安装和维修方便、关闭时密闭性好等特点,在一般建筑中最为常见。

（2）弹簧门。

弹簧门的形式与平开门一样,区别在于其侧边用弹簧铰链代替普通铰链,或下面用地弹簧传动,可以单向或双向开启、自动关闭。弹簧门适用于人流较多或需隐蔽的房间,如门厅、商场、卫生间的门。

（3）推拉门。

推拉门是左右推拉的门,沿上下设置的轨道左右滑行。其门扇藏在夹墙内或贴在墙的内外,不占空间,受力合理,不易变形,可做成单扇、双扇或多扇。其缺点是关闭不够严密,五金配件制作相对复杂,滑轮及导轨的加工、安装要求较高。推拉门一般可分为上挂式、下滑式两种。

（4）折叠门。

折叠门由多扇门拼合而成,开启后,门扇可折叠在一起推移到洞口一侧或两侧。折叠门的优点是开启时占用空间小,但其五金配件制作较复杂,安装要求较高。折叠门一般可分为侧挂式、侧悬式和中悬式三种类型,适用于各种大小洞口。

（5）转门。

转门是三扇或四扇门连成风车形,在两个固定弧形门套内旋转的门。转门对防止室内外空气对流有一定的作用,可作为公共建筑及有空气调节要求的房屋的外门。转门构造比较复杂,造价高,不宜大量采用。转门的通行能力较弱,不能作疏散用,在转门的两侧还应设置平开门或弹簧门作为疏散出口。

（6）卷帘门。

卷帘门是用很多冲压成型的金属叶片连接而成,叶片可用镀锌钢板或铝合金板轧制而成,叶片之间用铆钉连接。门上端设置滚筒,门洞内侧设有金属导槽,叶片上部与卷筒连接,开启时叶片沿着门洞两侧的导轨上升,卷在卷筒上。开启可用手动或电动,一般情况下,门宽超过 6 m,或门高超过 4 m,宜用电动上卷,但关闭时仍用人力拉下。

另外,还有上翻、升降门等形式,一般适用于有较大活动空间建筑(如车间、店面、车库及某些公共建筑)的外门。

2. 门的尺度

一个房间应该开几个门,每个建筑物门的总宽度应该是多少,一般是根据交通疏散的要求和防火规范来确定的,设计时应按照规范来选取。一般规定:公共建筑安全出入口的数目应不少于两个;但房间面积在 60 m² 以下,人数不超过 50 人时,可只设一个出入口;对于低层建筑,每层面积不大,人数也较少的,可以设一个通向户外的出口。门的尺度应根据建筑中人员和家具设备等的日常通行和安全疏散要求,以及建筑艺术造型和立面设计要求来决定。

门的宽度和高度尺寸是按通行、疏散、搬运家具设备及立面造型的需要设计的,并应符合国家颁布的门窗洞口尺寸系列标准《建筑门窗洞口尺寸系列》(GB/T 5824—2021)。门洞口有尺寸一般以 300 mm 为模数,人通行的门洞口高度一般不小于 2000 mm。单扇门的洞口宽度一般为 900～1000 mm,厨房门洞口宽度一般为 800 mm,厕所门洞口宽度一般为 700 mm。双扇门洞口宽度为 1200 mm、1500 mm、1800 mm。门的净宽在 1000 mm 以内的,一般采用单扇;大于 1000 mm 的门通常采用双扇门或多扇门,并保证门扇宽度在 1000 mm 以内,以便于开启。

对于人员密集的剧院、电影院、礼堂、体育馆等公共场所中观众厅的疏散门,一般按每百人取 0.6～1.0 m(门的总宽度),出入口应分散布置。

8.2.2　木门的组成与构造

木门主要由门框、门扇、亮窗、五金零配件和其他附件组成,平开木门的组成如图 8-3 所示。

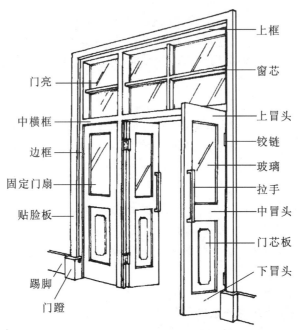

图 8-3　平开木门的组成

（图中标注：门亮、中横框、边框、固定门扇、贴脸板、踢脚、门蹬；上框、窗芯、上冒头、铰链、玻璃、拉手、中冒头、门芯板、下冒头）

1.门框

门框又称门樘,其主要是固定门扇和腰窗,并与洞口周边墙体连接,由边框、上框、下槛和中横框组成,多扇门还有中竖框,考虑到使用方便,门大多不设下槛。

2.门扇

门扇由上冒头、中冒头、下冒头、边梃及门芯板组成。按门扇使用的材料分类,有镶板门、夹板门、玻璃门、百叶门等类型。

（1）镶板门、玻璃门。

镶板门、玻璃门的主要骨架由上、下冒头和两根边梃组成,有时中间还有一条或几条横冒头或一条竖向中梃,中间镶装门芯板。门芯板可用 10～15 mm 厚木板拼装成整块镶入边框,有的地区门芯板用多层胶合板、硬质纤维板或塑料板等代替,门扇边框的厚度即上下冒头和门梃的厚度,一般为 40～45 mm。上冒头和两旁边梃的宽度为 75～120 mm,下冒头因踢脚等原因一般宽度较大,常用 150～300 mm,如图 8-4 所示。

（2）夹板门、百叶门。

夹板门、百叶门一般用木条做成龙骨,再在龙骨两面钉上或胶上面板,如图 8-5 所示。夹板门构造须注意的几点:面板不能胶粘到外框边,经常碰撞容易损坏;为了装门锁和铰链,边框料须加宽,也可局部另钉木条;为了保持门扇内部干燥,最好在上下框格上贯通透气孔,孔径为 9 mm;面板一般为胶合板、硬质纤维板或塑料板,用胶结材料双面胶结。有换气要求的房间,选用百叶门,如卫生间、厨房等。

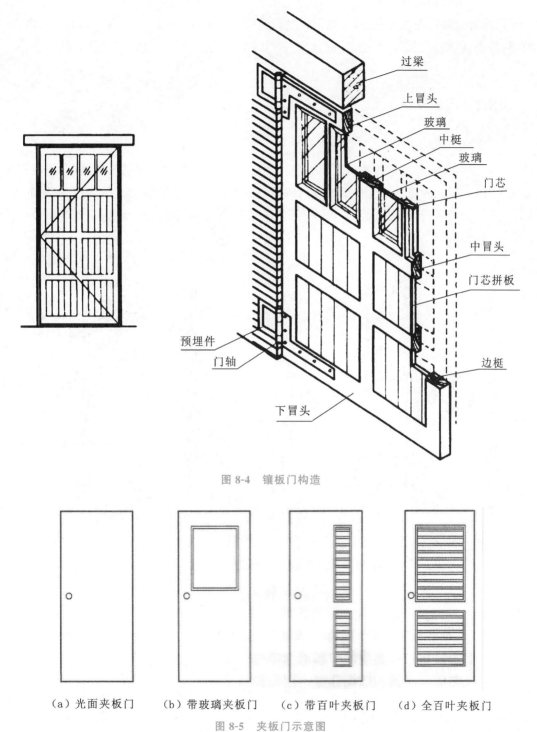

图 8-4　镶板门构造

（a）光面夹板门　　（b）带玻璃夹板门　　（c）带百叶夹板门　　（d）全百叶夹板门

图 8-5　夹板门示意图

3. 腰窗

腰窗构造同窗基本相同,一般采用中悬开启形式,也可以采用上悬、平开及固定窗形式。

4. 门的五金零配件

门的五金零配件主要有铰链、插销、门锁、门吸和拉手等，都是工业定型产品，形式多样。铰链、拉手、插销应注意其强度，防止变形。智能门锁安全方便，正得到广泛使用。

8.2.3 门的安装

1. 门的安装方式

门的安装方式有立口和塞口两大类，但均需在地面找平层和面层施工前进行，以便门边框伸入地面 20 mm 以上。立口安装目前使用很少。塞口安装是在门洞口侧墙上每隔 500～600 mm 高预埋木砖，用长钉、木螺丝等固定门框。门框外侧与墙面的接触面、预埋木砖均需进行防腐处理。（见图 8-6）

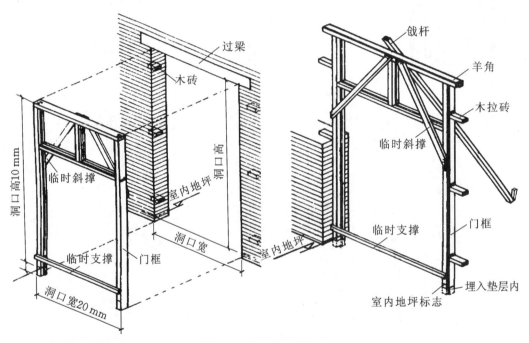

图 8-6　木门框安装方式

2. 套装门安装

（1）检查洞口、拆分包装。套装门由三部分组成，分别是门框、门套和门扇。在安装套装门之前，要检查洞口的尺寸是否符合安装要求，若不符合，马上重新调整。接下来做安装前的准备工作，拆开包装，检查挡门条、密封条、门框等部件是否整齐，这些都是快速安装套装门的基础。

（2）组装门框和定位门框。在安装门之前，需要进行简单组装，再进行固定。首先用木楔在门框周围夹紧门框，然后将工装和木楔在门框内口撑紧门框。通过夹门框内外的木楔，可以更好地调整门框的竖直度、水平度和内径尺寸，最后使其达到设计要求。

（3）门框注胶和安装门套线。完成了前面的准备工作，就开始正式安装套装门了。首先使用喷壶打湿墙面，打湿完墙面后，再涂上适量的发泡胶，这个时候要注意发泡胶的填充量要适量，不能过多也不能过少。将发泡胶用刀片切平，静置四到六个小时，就可以将工装和木楔拆下来，再在门框嵌槽内涂胶，将门套线装入门框，让它们完全契合在一起。最后清点现场，收拾工具，撤离现场。

（4）注意事项：作为套装门安装过程中的最后一道程序，这个时候要特别注意套装门的开启方向，再安装五金零配件，让门扇与门框间隙达到设计要求，测试门扇开关是否灵活，而且不可出现太大的缝隙。

套装门安装示意如图 8-7。

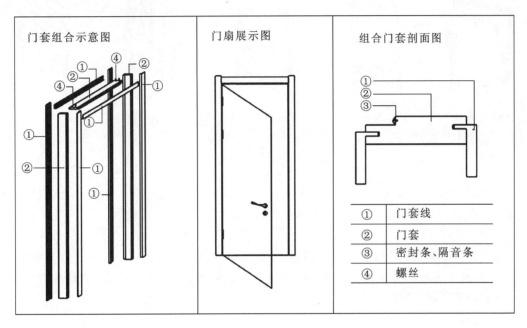

图 8-7 套装门安装示意图

3. 门框在墙中位置

门框在墙中的位置，可在墙的中间或与墙的一侧平齐。门框多与开启方向一侧平齐，尽可能使门扇开启时贴近墙面。

8.3 窗

8.3.1 窗的形式与尺度

1. 窗的形式

窗按使用的材料分，可分为木窗、钢窗、铝合金窗、塑钢窗等。

窗按照开启方式分,可分为固定窗、平开窗、推拉窗、悬窗、立转窗等,如图 8-8 所示。

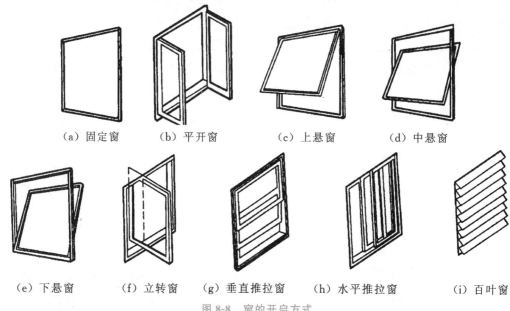

| （a）固定窗 | （b）平开窗 | （c）上悬窗 | （d）中悬窗 |

| （e）下悬窗 | （f）立转窗 | （g）垂直推拉窗 | （h）水平推拉窗 | （i）百叶窗 |

图 8-8　窗的开启方式

（1）固定窗。

固定窗是无窗扇,玻璃直接镶嵌于窗框上,不能开启,可供采光和眺望用,不能通风。固定窗构造简单,密闭性好,药品、电子车间常用。(见图 8-8(a))

（2）平开窗。

平开窗的窗扇一侧用铰链和窗框相连,可以向内或向外水平开启。外开可以避免雨水侵入室内,且不占用室内空间,故常采用。平开窗构造简单,开启灵活,制作、维修均方便,是民用建筑中使用最广泛的窗,如图 8-8(b)所示。

（3）悬窗。

悬窗根据铰链或转轴位置的不同,可分为上悬窗、中悬窗、下悬窗,如图 8-8(c)、(d)、(e)所示。上悬窗铰链安装在窗扇的上边,一般向外开启,防雨效果较好,常用于高窗;中悬窗是在窗扇两边中部装水平转轴,窗扇绕水平轴旋转,开启时窗扇上部向内,下部向外,对挡雨通风有利,常用于大空间建筑的高侧窗;下悬窗铰链安在窗扇的下边,一般向内开,通风较好,不防雨,一般很少使用。

（4）立转窗。

立转窗也称旋窗,在窗扇上、下冒头中部设转轴,立向转动。立转窗有利于采光和通风,但密闭和防雨性能较差,不宜用于寒冷和多风沙地区。(见图 8-8(f))

（5）推拉窗。

推拉窗分垂直推拉窗和水平推拉窗两种。水平推拉窗一般在窗扇上下设滑轨槽,左右滑动;垂直推拉窗在窗扇竖向边框内侧设导槽,上下滑动。推拉窗开启时不占用室内空间,窗扇受力状态较好,窗扇及玻璃尺寸均较平开窗大,但通风面积受限制,五金及安装也较复杂。推拉窗尤其适用于铝合金及塑钢门窗。(见图 8-8(g)、(h))

（6）百叶窗。

百叶窗主要用于遮阳、防雨及通风，但采光差。百叶窗可用金属、木材等制作，有固定式和活动式两种形式。此外，还有折叠窗等形式。（见图8-8(i)）

2. 窗的尺寸

窗的尺寸大小由建筑的采光、通风要求来确定，同时综合考虑建筑的造型及模数等，并应符合国家颁布的门窗洞口尺寸系列标准——《建筑门窗洞口尺寸系列》(GB/T 5824—2021)。一般先根据房屋的使用性质确定采光等级，再根据采光等级确定采光系数即窗地比（采光面积与房间地面面积之比），最后综合考虑建筑的造型及模数，根据系列标准确定窗的尺寸。窗洞口的宽度和高度（标志尺寸）规定300 mm为模数，居住建筑可以100 mm为模数。常见的宽度有：600 mm、1000 mm、1200 mm、1500 mm、1800 mm、2100 mm、2400 mm、3000 mm、3300 mm、3600 mm等。常见的窗的高度有：600 mm、900 mm、1200 mm、1500 mm、1800 mm、2100 mm、2400 mm、2700 mm等。一般窗洞口的高度超过1500 mm时，窗上部应设亮子。

8.3.2 窗的构造组成

窗主要是由窗框、窗扇、五金零配件三部分组成，如图8-9所示。

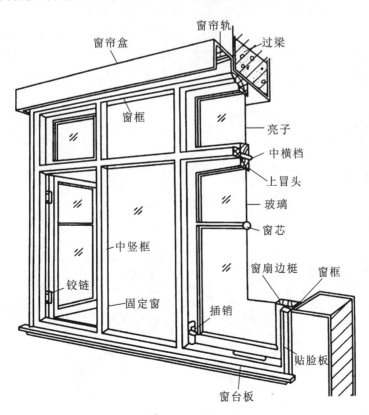

图 8-9 窗的组成

1.窗框

窗框又称窗樘,其主要作用是与墙连接并通过五金零配件固定窗扇。窗框由上槛、中槛、下槛、中竖框及边框等组成。一般尺度的单层窗窗樘的厚度常为 40～50 mm,宽度为 70～95 mm。

2.窗扇

窗扇由上冒头、中冒头、下冒头、边梃以及披水条和玻璃组成,依镶嵌材料可分为玻璃窗扇、纱窗扇、百叶窗扇等。窗扇的厚度一般为 40 mm,上下冒头及边梃的宽度一般为 50～60 mm。

3.窗的五金零配件

窗常见的五金零配件有铰链、插销、拉手、风钩等。铰链又称合页,是连接窗框和窗扇的连接件,窗扇开闭主要靠铰链转动。插销和风钩起到固定窗扇的作用。拉手为开关窗扇用。

在窗框与墙的连接处,有时加有贴脸、窗台板、窗帘盒等。

8.3.3 窗的安装方法

1.窗框的安装

窗框的安装一般有立口法和塞口法两种方式。

立口法安装是在墙身砌至窗底标高时,先将窗框立起来,用临时支撑固定,然后沿窗外侧将墙身砌至窗框上口,再安装窗过梁,撤去临时支撑,如图 8-10(a)所示。窗框与墙的连接紧密,但施工不便,窗框及临时支撑易被碰撞,有时产生移位破损或变形,现已很少采用。

塞口法安装是施工时将门窗洞口留出,待墙体施工完成后再安装窗框,如图 8-10(b)所

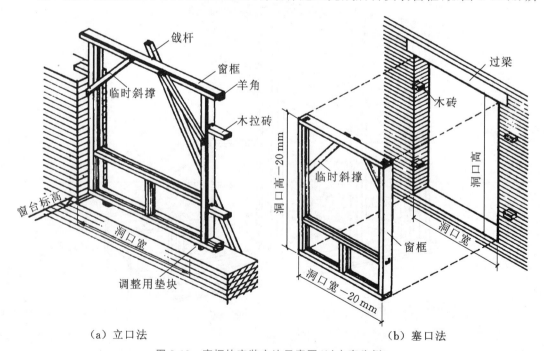

（a）立口法　　　　　　　　　　　　　　（b）塞口法

图 8-10　窗框的安装方法示意图(以木窗为例)

示。这种安装方法的优点是,墙体施工与窗框的安装分开进行,避免相互干扰。缺点是,为了安装方便,窗框的实际尺寸要比窗的洞口尺寸小 20～30 mm,窗框与墙体之间缝隙较大。由于施工方便,目前使用较多。

2. 窗框在墙中位置

窗框在墙中位置,一般是与墙体内表面平齐,安装时窗框突出砖面 20 mm,以便墙面粉刷后与抹平面平齐。窗框与抹灰面交接处,用贴脸板搭盖,作用是阻止风透过缝隙进入室内,同时增加美观性。

当窗框立于墙中时,应内设窗台板,外设窗台。

8.4　铝合金门窗和塑钢门窗

8.4.1　铝合金门窗

铝合金是以铝为主,加入适量铁、镁等多种元素的合金。铝合金具有质量轻、强度高、耐腐蚀、质感好、表面光洁、美观等优点。

铝合金门窗　　铝合金门窗
和塑钢门窗　　和塑钢门窗微课

铝合金门窗是指采用铝合金挤压型材为框、梃、扇料制作的门窗。铝合金门窗具有良好的气密性,对有隔声、保温、隔热、防尘等特殊要求的建筑尤为适用。由于其优点较多,故发展迅速。铝合金门窗结构坚固,可以有较大分格,显得更加通透明亮。铝合金门窗安装一般采用塞口方式,窗框和墙之间可用保温材料填充,并用发泡胶密封。

1. 铝合金门

铝合金门的形式很多,其构造与木门、钢门相似,也由铝合金门框、门扇、腰窗及五金零配件组成。按其门芯板的镶嵌材料有铝合金条板门、半玻璃门、全玻璃门等形式,主要有平开、弹簧、推拉三种开启方式,其中铝合金的弹簧门、铝合金推拉门是目前最常用的,铝合金推拉门构造如图 8-11 所示。

铝合金门为避免门扇变形,其单扇门宽度受型材影响有如下限制。平开门最大尺寸:55 系列型材 900 mm×2100 mm;70 系列型材 900 mm×2400 mm。推拉门最大尺寸:70 系列型材 900 mm×2100 mm;90 系列型材 1050 mm×2400 mm。地弹簧门最大尺寸:90 系列型材 900 mm×2400 mm;100 系列型材 1050 mm×2400 mm。铝合金门构造有国家标准图集,各地区也有相应的通用图供选用。

2. 铝合金窗

铝合金窗质量轻、气密性和水密性好,其隔音、隔热、耐腐蚀等性能也比普通木窗、钢窗有显著提高,并且不需要日常维护;其框料还可通过表面着色、涂膜处理等获得多种色彩和花纹,具有良好的装饰效果,在建筑中使用较为广泛。铝合金窗构造如图 8-12 所示。

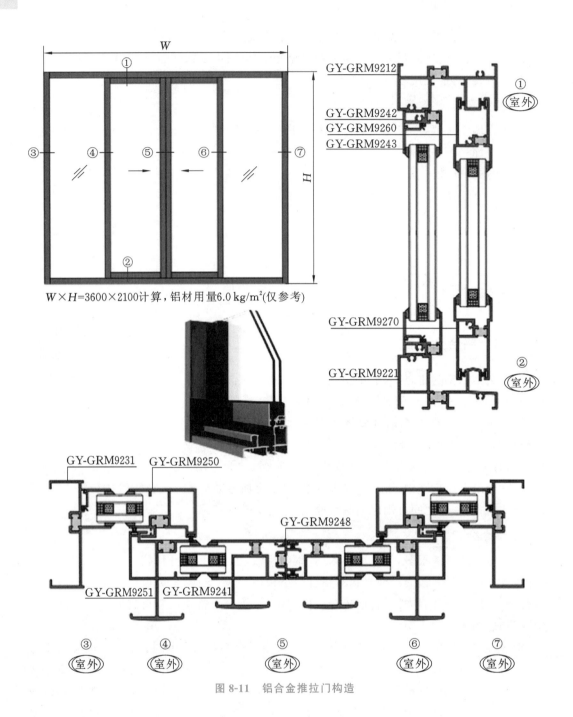

图 8-11　铝合金推拉门构造

3. 断桥式铝合金

铝合金型材由于导热系数大,因此普通铝合金门窗的热桥问题十分突出,新式的热隔断铝型材可以切断热桥,即断桥铝合金,如图 8-13 所示。

断桥式铝合金门窗的原理是利用 PA66 尼龙将室内外两层铝合金既隔开又紧密连接成一个整体,构成一种新的隔热型铝合金型材。根据其连接方式的不同可分为穿线式和注胶式。

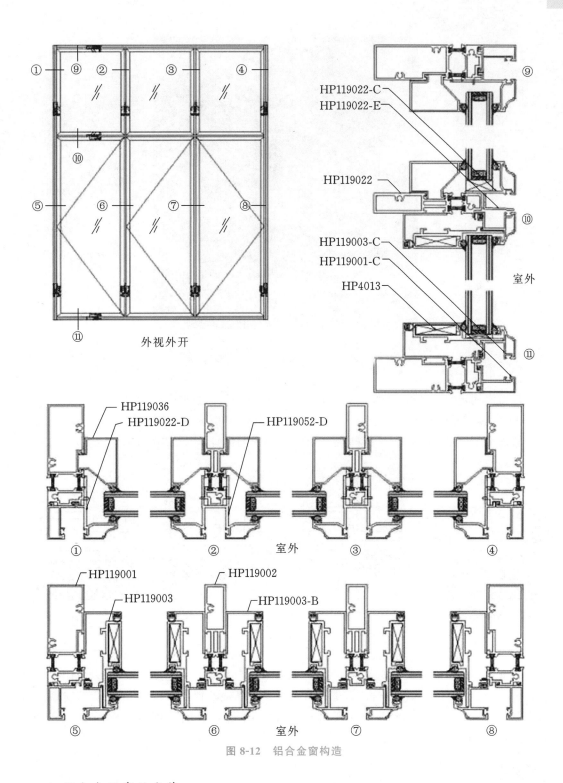

图 8-12   铝合金窗构造

4. 铝合金门窗的安装

铝合金门窗安装主要依靠金属锚固件定位,安装时应保证定位正确、牢固,然后在门窗框与墙体之间分层填以矿棉毡、玻璃棉毡或沥青麻刀等保温隔声材料,并于门窗框内外四周各留 5～8 mm 深的槽口后填建筑密封膏(发泡胶)。铝合金门窗不宜用水泥砂浆作门框与

图 8-13　断桥铝合金构造

墙体间的填塞材料。

　　门窗框固定铁件,除四周离边角 180 mm 设一点外,一般间距为 400～500 mm,铁件可采用射钉、膨胀螺栓或钢件焊于墙上的预埋件等形式,锚固铁卡两端均须伸出铝框外,然后用射钉固定于墙上,固定铁卡用厚度不小于 1.5 mm 的镀锌铁片,如图 8-14 所示。

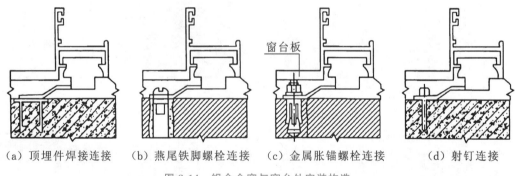

（a）顶埋件焊接连接　　（b）燕尾铁脚螺栓连接　　（c）金属胀锚螺栓连接　　（d）射钉连接

图 8-14　铝合金窗与窗台处安装构造

　　铝合金门窗框料及组合梃料除不锈钢外,均不能与其他金属直接相接触,以免产生电腐蚀现象,所有铝合金门窗的加强件及紧固件均须做防腐蚀处理,一般可采用沥青防腐漆满涂或镀锌处理,应避免将灰浆直接粘到铝合金型材上,铝合金门门框边框应深入地面面层20 mm 以上,图 8-15 为铝合金窗安装构造示意图。

8.4.2　塑钢门窗

　　塑钢门窗是以改性硬质聚氯乙烯(简称 UPVC)为原料,经挤塑机挤出成型为各种断面的中空异型材,定长切割后,在其内腔衬入钢质型材加强筋,再用热熔焊接机焊接组装成门

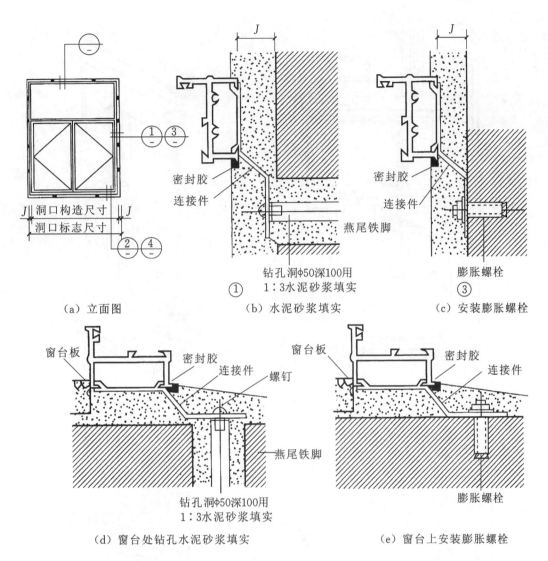

（a）立面图　　（b）水泥砂浆填实　　（c）安装膨胀螺栓

（d）窗台处钻孔水泥砂浆填实　　（e）窗台上安装膨胀螺栓

图 8-15　铝合金窗安装构造示意图

窗框、窗扇，装配上玻璃、五金零配件、密封条等构成门窗成品。塑料型材内腔以型钢加固，形成塑钢结构，故称塑钢门窗。其特点是耐水、耐腐蚀、抗冲击、耐老化、阻燃，不需涂装，使用寿命可达 30 年。塑钢门窗节约木材，比铝合金门窗经济。

塑钢窗由窗框、窗扇及五金零配件等组成，主要有平开、推拉、上悬、中悬等开启方式。窗框和窗扇应视窗的尺寸、用途、开启方式等因素选用合适的型材，材质应符合《门、窗用未增塑聚氯乙烯（PVC-U）型材》（GB/T 8814—2017）的规定。塑钢窗构造示意如图 8-16所示。

塑钢窗一般采用塞口方式安装，在墙和窗框间的缝隙应用泡沫塑料等发泡胶填实，并用玻璃胶密封。安装时可用射钉或塑料、金属膨胀螺钉固定，也可用预埋件固定，如图 8-17所示。

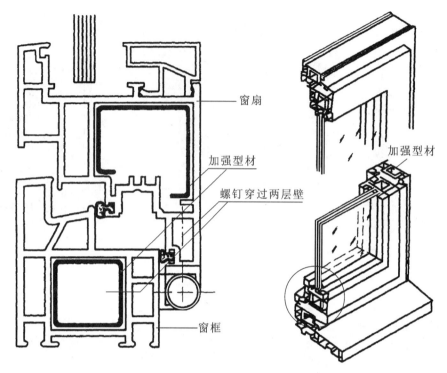

图 8-16 塑钢窗构造示意图

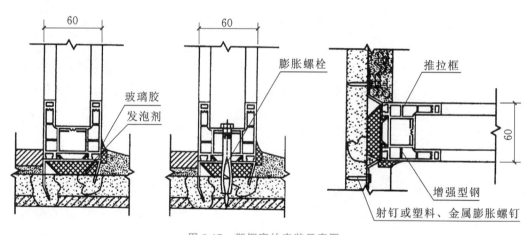

图 8-17 塑钢窗的安装示意图

8.5 遮阳构造

遮阳是为了避免阳光直射室内,减少太阳辐射或避免产生眩光以保护室内物品不受阳光直射而采取的一种措施。用于遮阳的方法很多,如设置室外绿化、室内窗帘、百叶窗等。但对于太阳辐射强烈的地区,特别是朝向不利的墙面、建筑门窗等,应设置专用遮阳措施。

（见图 8-18）

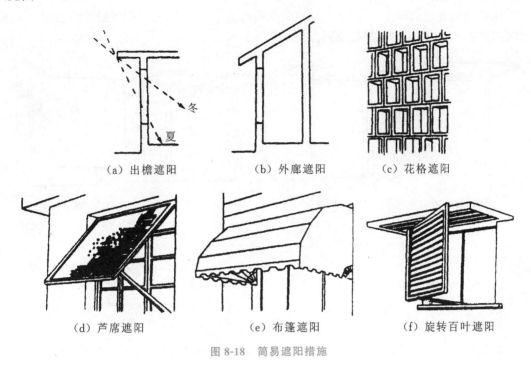

（a）出檐遮阳　　　　（b）外廊遮阳　　　　（c）花格遮阳

（d）芦席遮阳　　　　（e）布篷遮阳　　　　（f）旋转百叶遮阳

图 8-18　简易遮阳措施

8.5.1　遮阳

窗户遮阳板可分为水平遮阳、垂直遮阳、综合遮阳及挡板遮阳四种形式，如图 8-19 所示。

1. 水平遮阳

在窗口上方设置一定宽度的水平方向遮阳板，能够遮挡高度角较大的、从窗口上方照射下来的阳光，适用于南向及其附近朝向的窗户。水平遮阳板可做成实心板、栅形板或百叶板，较高大的窗户可在不同高度设置双层或多层水平遮阳板，以减少板的出挑宽度，如图 8-19（a）所示。

2. 垂直遮阳

在窗户上方设置垂直方向的遮阳板，能够遮挡高度角较小的从窗口两侧斜射过来的阳光。根据光线的来向和具体处理的不同，垂直遮阳板可以垂直于墙面，也可以与墙面形成一定的垂直夹角。主要适用于偏东偏西的南向或北向窗户。（见图 8-19（b））

3. 混合遮阳

混合遮阳是以上两种遮阳板的综合，对遮挡高度角较小、从窗侧面斜射下来的阳光较有效。主要适用于南向、东南向及西南向的窗口。（见图 8-19（c））

4. 挡板遮阳

在窗户前方离开窗口一定距离设置与窗户平行方向的垂直挡板，可以有效地遮挡高度角较小的正射窗户的阳光。主要适用于东、西向及其附近的窗户。为有利于通风，避免遮挡

视线,可以做成格栅式、板式或百叶式挡板。(见图8-19(d))

选择和设置遮阳设施时,需考虑与建筑立面造型是否统一,同时应尽量减少对房间采光和通风的影响,考虑使用和维护是否方便。

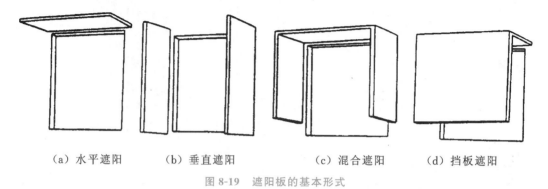

（a）水平遮阳   （b）垂直遮阳   （c）混合遮阳   （d）挡板遮阳

图8-19　遮阳板的基本形式

8.5.2　玻璃遮阳和内遮阳

1.玻璃遮阳

降低玻璃的遮蔽系数是非常有效的遮阳措施。随着玻璃镀膜技术的发展,玻璃已经可以对入射的太阳光进行选择,将可见光引入室内,而将增加负荷和能耗的红外线反射出去。常用的遮阳性能好的玻璃有吸热玻璃、热反射玻璃、低辐射玻璃等。玻璃遮阳已经成为现代建筑遮阳最主要的手段之一。

2.建筑内遮阳

建筑内遮阳的形式有窗帘、百叶窗、拉帘、卷帘等,材料多种多样,有布料、塑料、竹、木等。

复习思考题

一、填空题

1.门窗框的安装方法由(　　)和(　　)两种。

2.平开窗主要由(　　)、(　　)、(　　)组成。

3.门洞宽度和高度的级差,基本按扩大模数(　　)递增。

4.只可采光而不可通风的窗是(　　)。

二、选择题

1.民用建筑窗洞口的宽度和高度均应采用(　　)为模数。

A.300 mm　　　　　　　　B.30 mm

C.60 mm　　　　　　　　D.600 mm

2.以下说法中正确的是( )。

A.推拉门是建筑中最常见、使用最广泛的门

B.转门可向两个方向旋转,故可做疏散门

C.转门可作为寒冷地区公共建筑的外门,可作为疏散门

D.平开门是建筑中最常见、使用最广泛的门

3.平开木窗的窗扇由( )组成。

A.上冒头、下冒头、窗芯、玻璃 　　　　B.边框、上下框、玻璃

C.边框、五金零配件、玻璃 　　　　　　D.亮子、上冒头、下冒头、玻璃

4.只能采光不能通风的窗是( )。

A.固定窗　　　　　B.悬窗　　　　　C.立转窗　　　　　D.百叶窗

5.民用建筑中应用最广泛的门是( )。

A.平开门　　　　　B.玻璃门　　　　　C.推拉门　　　　　D.弹簧门

6.民用建筑中应用最广泛的窗是( )。

A.平开窗　　　　　B.上悬窗　　　　　C.推拉窗　　　　　D.立转窗

7.门窗常采用的安装方法是( )。

A.后塞口　　　　　B.先立口　　　　　C.预埋木框　　　　　D.与砖墙砌筑同时施工

8.下列门中不宜用于幼儿园的门是( )。

A.平开门　　　　　B.折叠门　　　　　C.推拉门　　　　　D.弹簧门

9.安装窗框时,若采用塞口的施工方法,预留的洞口比窗框至少大( )mm。

A.10　　　　　B.20　　　　　C.30　　　　　D.50

三、简答题

1.门和窗的作用分别是什么?

2.简述平开木窗、木门的构造组成。

3.门和窗各有哪几种开启方式?它们各有何特点?使用范围是什么?

4.安装木窗框的方法有哪些?各有什么特点?

5.铝合金门窗和塑料门窗有哪些特点?

6.铝合金门窗和塑钢窗的构造是什么?

7.铝合金门窗和塑料门窗的安装要点是什么?

8.建筑中遮阳措施有哪些?

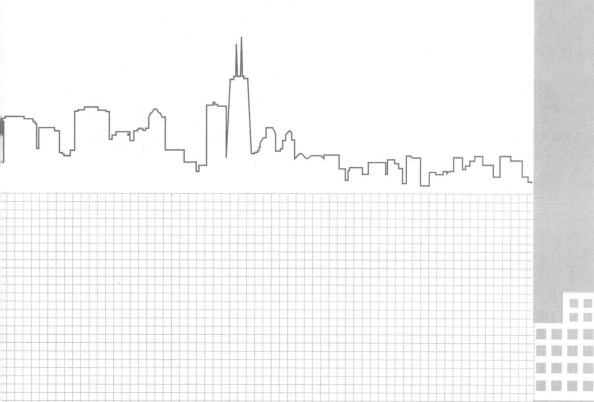

学习项目 9

变形缝

| 学习要求 | 熟悉伸缩缝、沉降缝、防震缝的概念;掌握伸缩缝、沉降缝、防震缝的设置原则;掌握变形缝在墙体、楼地面、屋面各个位置的构造处理方法。 |

9.1　变形缝的类型及设置原则

9.1.1　变形缝的类型

当建筑物的长度超过规定、体型复杂、平立面特别不规则、平面图形曲折变化比较多,或同一建筑物不同部分的高度或荷载差异较大时,建筑构件内部会因温度变化、地基的不均匀沉降或地震等原因产生附加应力。当这种应力较大而又处理不妥当时,会引起建筑构件产生变形,导致建筑物出现裂缝甚至破坏,影响正常使用与安全。为了预防和避免这种情况发生,一般可以采取两种措施:一是加强建筑物的整体性,使之具有足够的强度和刚度来克服这些附加应力和变形;二是在设计和施工中预先在这些变形敏感部位将建筑构件垂直断开,留出一定的缝隙,将建筑物分成若干独立的部分,形成多个较规则的抗侧力结构单元。这种将建筑物垂直分开的预留缝隙称为变形缝,如图 9-1 所示。

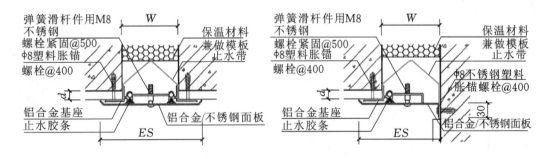

图 9-1　变形缝构造

变形缝按其作用的不同可分为伸缩缝、沉降缝、防震缝三种。伸缩缝又称温度缝,是为防止由于建筑物超长而产生的伸缩变形。沉降缝是解决由于建筑物高度不同、质量不同、平面形状复杂等而产生的不均匀沉降变形。防震缝是解决由于地震产生的相互撞击变形。虽然各种变形缝的功能不同,但它们的构造要求基本相同,应依据工程实际情况设置,使其符合设计规范。采用的构造处理方法和材料应根据设缝部位确定,且需要分别满足盖缝、防水、防火、防虫、保温等方面的要求,要确保变形缝两侧的建筑物各独立部分能自由变形,互不影响。

9.1.2　变形缝的设置原则

1.伸缩缝

建筑物因受到温度变化的影响而产生的热胀冷缩,使结构构件内部产生附加应力而变形。当建筑物体型较长时为避免建筑物因热胀冷缩变化较大而使结构构件产生裂缝,建筑物中需设置伸缩缝。

当下列情况出现时,建筑中需设置伸缩缝。

(1)建筑物长度超过一定长度。

(2)建筑平面复杂,变化较多。

(3)建筑中结构类型变化较大时。

设置伸缩缝时,通常是沿建筑物长度方向每隔一定距离或在结构变化较大处垂直方向预留缝隙。伸缩缝的最大间距应根据不同结构类型、材料和当地温度变化情况而定。砌体结构、钢筋混凝土结构房屋伸缩缝的最大间距分别见表9-1和表9-2。

表 9-1　砌体结构房屋伸缩缝的最大间距

屋盖或楼盖的类别		间距/m
整体式或装配整体式钢筋混凝土结构	有保温层或隔热层的屋盖、楼盖	50
	无保温层或隔热层的屋盖	40
装配式无檩条体系钢筋混凝土结构	有保温层或隔热层的屋盖、楼盖	60
	无保温层或隔热层的屋盖	50
装配式有檩条体系钢筋混凝土结构	有保温层或隔热层的屋盖	75
	无保温层或隔热层的屋盖	60
瓦材屋盖、木屋盖、轻钢屋盖		100

注:1.对烧结普通砖、烧结多孔砖、配筋砌块砌体房屋,取表中数值;对石砌体、蒸压灰砂普通砖、蒸压粉煤灰普通砖、混凝土砌块、混凝土普通砖和混凝土多孔砖房屋,取表中数值乘以 0.8 的系数,当墙体有可靠外保温措施时,其间距可取表中数值。

2.在钢筋混凝土屋面上挂瓦的屋盖应按钢筋混凝土屋盖采用。

3.层高大于 5 m 的烧结普通砖、烧结多孔砖,配筋砌块砌体结构单层房屋,其伸缩缝间距可按表中数值乘以 1.3。

4.温差较大且变化频繁地区和严寒地区不采暖的房屋及构筑物墙体的伸缩缝的最大间距,应按表中数值予以适当减小。

5.墙体的伸缩缝应与结构的其他变形缝相重合,缝宽度应满足各种变形缝的变形要求;在进行立面处理时,必须保证缝隙的变形作用。

表 9-2　钢筋混凝土结构伸缩缝的最大间距

结构类型		室内或土中/mm	露天/mm
排架结构	装配式	100	70
框架结构	装配式	75	50
	现浇式	55	35

续表

结构类型		室内或土中/mm	露天/mm
剪力墙结构	装配式	65	40
	现浇式	45	30
挡土墙及地下室墙壁等结构	装配式	40	30
	现浇式	30	20

注:1.装配整体式结构的伸缩缝间距,可根据结构的具体情况取表中装配式结构与现浇式结构之间的数值。

2.框架-剪力墙结构或框架-核心筒结构房屋的伸缩缝间距,可根据结构的具体情况取表中框架结构与剪力墙结构之间的数值。

3.当屋面无保温或隔热措施时,框架结构、剪力墙结构的伸缩缝间距宜按表中"露天"一行的数值取用。

当采用有效的构造措施和施工措施减小温度和混凝土收缩对结构的影响时,可适当放宽伸缩缝的间距。这些措施可包括但不限于下列方面:在顶层、底层、山墙和纵墙端开间等受温度变化影响较大的部位提高配筋率;顶层加强保温隔热措施,在外墙设置外保温层;每30～40 m间距留出施工后浇带,带宽800～1000 mm,钢筋采用搭接接头,后浇带混凝土宜在45 d后浇筑;采用收缩小的水泥,减少水泥用量,在混凝土中加入适宜的外加剂;提高每层楼板的构造配筋率或采用部分预应力结构。

伸缩缝宽一般为20～40 mm,通常采用30 mm。在结构处理上,砖混结构的墙和楼板及屋顶结构布置可采用单墙或双墙承重方案,如图9-2和图9-3所示。框架结构一般采用悬臂梁方案,也可采用双梁双柱方式,但施工较复杂。伸缩缝最好设置在平面形状有变化处,便于隐藏处理。

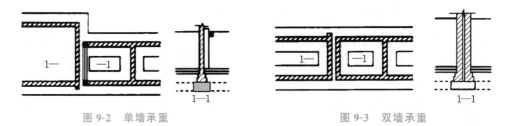

图 9-2　单墙承重　　　　　　　　　　图 9-3　双墙承重

砖墙伸缩缝根据截面形式可分为平口缝、错口缝和企口缝三种,一般做成平口缝,当墙体厚度大于240 mm时,也可做成错口缝或企口缝,如图9-4所示。

外墙外侧常用浸沥青的麻丝或木丝板及泡沫塑料条、油膏弹性防水材料塞缝,缝隙较宽时,可用镀锌铁皮、彩色薄钢板盖缝处理。

（a）平口缝　　　　　　　（b）错口缝　　　　　　　（c）企口缝

图 9-4　墙体伸缩缝的截面形式

2. 沉降缝

沉降缝是指,为防止建筑物各部分由于地基不均匀沉降引起房屋破坏所设置的垂直缝。当房屋相邻部分的高度、荷载和结构形式差别很大而地基又较弱时,房屋有可能产生不均匀沉降,致使某些薄弱部位开裂。为此,应在适当位置如复杂的平面或体形转折处,高度变化处,荷载、地基的压缩性和地基处理的方法明显不同处设置沉降缝。

符合下列情况之一者应设置沉降缝。

(1) 当建筑物建造在不同的地基上时。

(2) 当同一建筑物相邻部分高度相差在两层以上或部分高度差超过 10 m 以上时。

(3) 当同一建筑相邻基础的结构体系、宽度和埋置深度相差悬殊时。

(4) 原有建筑物和新建建筑物紧相毗连时。

(5) 建筑平面形状复杂,高度变化较多时,应将建筑物划分为几个简单的体型,在各部分之间设置沉降缝。

(6) 当建筑物部分的基础底部压力值有很大差别时。

设置沉降缝时,必须将建筑的基础、墙体、楼层及屋顶等部分全部在垂直方向断开,使各部分形成能各自自由沉降的独立单元。基础必须断开是沉降缝不同于伸缩缝的主要特征。沉降缝的宽度与地基的性质和建筑物的高度有关,如表 9-3 所示。地基越弱,建筑产生沉陷的可能性越大;建筑越高,沉陷后产生的倾斜越大。沉降缝一般兼作伸缩缝作用,其构造与伸缩缝基本相同,但必须注意保证盖缝条及调节片能在水平方向和垂直方向自由变形。

表 9-3　沉降缝的宽度

地基性质	建筑物高度	沉降缝宽度/mm
一般地基	$H<5$ m	30
	$H=5\sim10$ m	50
	$H=10\sim15$ m	70
软弱地基	2～3 层	50～80
	4～5 层	80～120
	5 层以上	>120
湿陷性黄土地基		≥30～70

沉降缝的上部结构和基础都应断开,并应避免因不均匀沉降造成的相互影响。其结构处理有砖混结构和框架结构两种形式,砖混结构墙下条形基础通常有双墙偏心基础、挑梁基础和交叉式基础三种处理形式。框架结构通常有双柱下偏心基础、挑梁基础、柱交叉布置三种处理形式。

3. 防震缝

防震缝是指地震区设计房屋时,为防止地震使房屋破坏,将房屋分成若干个形体简单、结构刚度均匀的独立部分,减轻或防止相邻结构单元由于地震作用引起的碰撞而预先设置的缝隙。在地震设防地区的建筑必须充分考虑地震对建筑造成的影响。为此我国制定了相应的建筑抗震设计规范。

《建筑抗震设计规范》(GB 50011—2010)(2016 年版)中明确了我国各地区建筑物抗震的基本要求。建筑物的防震和抗震通常可从设置防震缝和对建筑进行抗震加固两方面考虑。在地震区建造房屋,应力求体形简单,质量、刚度对称并均匀分布,建筑物的形心和重心尽可能接近,避免在平面和立面上的突然变化,同时最好不设变形缝,以保证结构的整体性,加强整体刚度。

当需要设置防震缝时,应符合下列规定。

(1) 防震缝最小宽度应符合下列要求。

① 框架结构房屋的防震缝宽度,当建筑高度不超过 15 m 时不应小于 100 mm;当建筑高度超过 15 m,烈度分别为 6 度、7 度、8 度、9 度时,建筑高度每相应增加 5 m、4 m、3 m 和 2 m,宜加宽 20 mm。

② 框架-剪力墙结构房屋的防震缝宽度不应小于①项规定数值的 70%,剪力墙结构房屋的防震缝宽度不应小于①项规定数值的 50%;且均不宜小于 100 mm。

③ 防震缝两侧结构类型不同时,宜按需要较宽防震缝的结构类型和较低房屋高度确定缝宽。

(2) 砌体建筑,应优先采用横墙承重或是纵横墙混合承重的结构体系。在设防烈度为 8 度和 9 度地区,有下列情况之一时,建筑宜设防震缝。

① 建筑立面高差在 6 m 以上。

② 建筑有错层且错层楼板高差较大。

③ 建筑各相邻部分结构刚度、质量截然不同。

此时防震缝宽度可采用 50~100 mm。缝两侧均需设置墙体,以加强防震缝两侧房屋刚度。防震缝要沿着建筑全高设置,缝两侧应布置双墙或者双柱,或一墙一柱,使各部分结构都有较好的刚度。防震缝应与伸缩缝、沉降缝统一布置,并满足防震缝的要求。一般情况下,设防震缝时,基础可以不分开。

对体形复杂、平立面特别不规则的建筑结构,可按实际需要在适当部位设置防震缝,形成多个较规则的抗侧力结构单元。防震缝应根据抗震设防烈度、结构材料种类、结构类型、结构单元的高度和高差情况,留有足够的宽度,其两侧的上部结构应完全分开。

9.2 变形缝的构造

《建筑外墙防水工程技术规程》(JGJ/T 235—2011)中规定:变形缝部位应增设合成高分子防水卷材附加层,卷材两端应满粘于墙体,满粘的宽度不应小于 150 mm,并用钉固定,卷材收头应用密封材料密封,如图 9-5 所示。

1. 楼地板变形缝构造

楼地板变形缝的缝内常用油膏、沥青麻刀、金属或塑料调节片等材料做封缝处理。上铺金属、混凝土或橡塑板等活动盖板,如图 9-6 所示。其构造处理需满足地面平整、光洁、防水、卫生等使用要求。顶棚伸缩缝需结合室内装修进行,一般采用金属板、木板、橡塑板等盖缝,盖缝板只能固定于一侧,以保证缝的两侧构件能在水平方向自由伸缩变形。

2. 屋面变形缝构造

屋面变形缝位置一般有相同标高屋面处或高低标高屋面处两种。变形缝的构造处理原

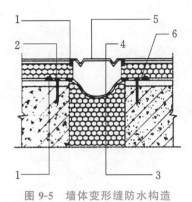

图 9-5　墙体变形缝防水构造

1—密封材料；2—锚栓；3—衬垫材料；

4—合成高分子防水卷材；5—不锈钢板；6—压条

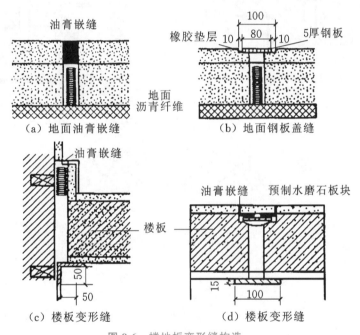

（a）地面油膏嵌缝　　　　　（b）地面钢板盖缝

（c）楼板变形缝　　　　　　（d）楼板变形缝

图 9-6　楼地板变形缝构造

则是在保证两侧结构构件能在水平方向自由伸缩的同时又能满足防水、保温、隔热等屋面构造的要求。

　　当变形缝两侧屋面标高相同，为上人屋面时，通常做油膏嵌缝并注意做防水处理；为非上人屋面一般在变形缝处加砌半砖矮墙，屋面防水和泛水基本同常规做法，在矮墙顶上，传统做法用镀锌铁皮盖缝，近年逐步流行用彩色薄钢板、铝板甚至不锈钢皮等盖缝，如图 9-7（a）、图 9-7（b）所示。

　　变形缝防水构造应符合下列规定。

　　（1）变形缝泛水处的防水层下应增设附加层，附加层在平面和立面的宽度不应小于 250 mm。

　　（2）防水层应铺贴或涂刷至泛水墙的顶部。

　　（3）变形缝内应预填不燃保温材料，上部应采用防水卷材封盖，并放置衬垫材料，再在其上干铺一层卷材。

（4）等高屋面变形缝顶部宜加扣混凝土或金属盖板。

（5）高低跨屋面变形缝在立墙泛水处，应采用有足够变形能力的材料和构造做密封处理。

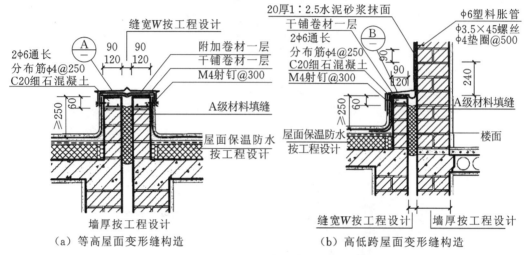

（a）等高屋面变形缝构造　　　　　　　（b）高低跨屋面变形缝构造

图 9-7　屋面变形缝构造

复习思考题

一、名词解释

1.变形缝

2.伸缩缝

3.沉降缝

4.防震缝

二、判断题

1.变形缝分为伸缩缝、沉降缝和防震缝。（　　　）

2.为防止建筑物因温度变化而发生不规则破坏而设置的缝称为伸缩缝。（　　　）

3.为防止建筑物因不均匀沉降而导致破坏而设的缝称为沉降缝。（　　　）

4.设置伸缩缝时，基础可以不断开。（　　　）

5.沉降缝可以替代伸缩缝。（　　　）

6.设置沉降缝时应将基础以上部位沿竖向全部断开，基础可以不断开。（　　　）

7.防震缝的最小宽度为 70 mm。（　　　）

8.在地震区设置伸缩缝时，必须满足防震缝的缝宽要求。（　　　）

9.由于屋顶防水的需要，变形缝在屋顶处不必断开。（　　　）

10.屋顶变形缝处需要做泛水处理，泛水高度不小于 200 mm。（　　　）

三、填空题

1.变形缝有 _____ 、 _____ 、 _____ 三种,其中 _____ 基础以下不断开。

2.墙体变形缝的截面形式可采用 _____ 、 _____ 和 _____ 三种形式。

3.砖混结构建筑基础沉降缝常采用 _____ 、 _____ 和 _____ 。

4.施工后浇带分为 _____ 、 _____ 和 _____ 。

四、单选题

1.温度缝又称伸缩缝,是将建筑物( )断开。

Ⅰ.地基基础　　　Ⅱ.墙体　　　Ⅲ.楼板　　　Ⅳ.楼梯　　　Ⅴ.屋顶

A.Ⅰ、Ⅱ、Ⅲ　　　　B.Ⅰ、Ⅲ、Ⅴ　　　　C.Ⅱ、Ⅲ、Ⅳ　　　　D.Ⅱ、Ⅲ、Ⅴ

2.在地震区设置伸缩缝时,必须满足( )的设置要求。

A.防震缝　　　　　B.沉降缝　　　　　C.伸缩缝

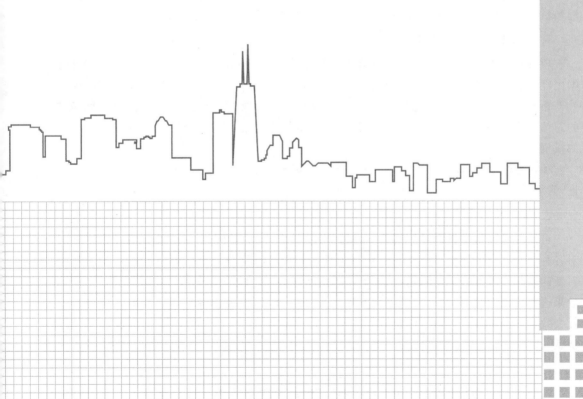

学习项目 10

建筑施工图

了解总平面图的内容；掌握各层平面空间布局、定位轴线、门窗标注等内容；了解建筑立面造型内容，掌握建筑高程、尺寸标注；了解建筑剖面形状，各部分高度、层数等内容；掌握各节点大样做法。

建筑施工图

10.1 建筑施工图概述

10.1.1 建筑工程建设程序

工程项目建设程序是指工程项目从策划、评估、决策、设计、施工到竣工验收、投入生产或交付使用的整个建设过程中，各项工作必须遵循的先后工作次序。工程项目建设程序是工程建设过程客观规律的反映，是建设工程项目科学决策和顺利进行的重要保证。工程项目建设程序是人们长期在工程项目建设实践中得出来的经验总结，不能任意颠倒，但可以合理交叉。

建筑施工图概述

1. 项目建议书

项目建议书，又称项目立项申请书或立项申请报告。由项目筹建单位或项目法人根据国民经济的发展、国家和地方中长期规划、产业政策、生产力布局、国内外市场、所在地的内外部条件，就某一具体新建、扩建项目提出的项目的建议文件，是对拟建项目提出的框架性的总体设想。它要从宏观上论述项目设立的必要性和可能性，把项目投资的设想变为概略的投资建议。

项目建议书的呈报可以供项目审批机关做出初步决策。它可以减少项目选择的盲目性，为下一步可行性研究打下基础。

2. 可行性研究

可行性研究是指在调查的基础上，通过市场分析、技术分析、财务分析和国民经济分析，对各种投资项目的技术可行性与经济合理性进行的综合评价。可行性研究的基本任务，是对新建或改建项目的主要问题，从技术经济角度进行全面的分析研究，并对其投产后的经济效果进行预测，在既定的范围内进行方案论证的选择，以便最合理地利用资源，达到预定的社会效益和经济效益。可行性研究大体可分为三个大的方面：工艺技术、市场需求、财务经济状况。

3. 选择建设地点

选择建设地点主要考虑三个问题：一是工程、水文地质等自然条件是否可靠；二是建设时所需水、电、运输条件是否落实；三是项目建成投产后原材料、燃料供应等是否充足，同时对生产人员生活条件、生产环境等也应全面考虑。

4．工程设计阶段

工程设计阶段是根据工程的要求，对建设工程所需的技术、经济、资源、环境等条件进行综合分析、论证，编制建设工程设计文件的活动。工程设计是人们运用科技知识和方法，有目标地创造工程产品构思和计划的过程，几乎涉及人类活动的全部领域。

5．建设准备阶段

建设准备阶段工作包括：征地、拆迁和平整场地；完成施工用水、电、通信、道路等接通工作；组织招标选择工程监理单位、施工单位及设备、材料供应商；准备必要的施工图纸；办理工程质量监督和施工许可手续。

6．编制年度基建投资计划阶段

年度基建投资计划指计划期为一年，以货币表现固定资产建设工作量的计划文件。它是年度基本建设计划的重要组成部分，是年度基本建设项目计划的基础。在此计划中具体明确年度基本建设投资规模、投资来源、资金渠道、投资使用方向、重大比例关系和投资控制额度等。年度基本建设投资计划包括国家预算直接安排的投资；利用外资安排的建设；银行贷款安排的建设；部门和地方，企业自筹的投资，其他专项资金安排的建设。

7．施工阶段

施工阶段是基本建设的重要阶段。在施工中必须按照工程设计和施工组织设计以及施工验收规范的要求，保证质量如期完工。与此同时，建设单位应进行其他有关基本建设工作及生产准备工作。

8．生产准备阶段

生产准备是项目建成投产前要进行的一项重要工作，是项目由建设阶段转入生产阶段的必要条件。生产准备工作需要完成的主要工作包括以下内容。

（1）生产组织准备。

（2）招收培训管理人员、操作人员。

（3）生产技术准备。

（4）生产物资准备。

（5）正常的生活、文化设施的准备等。

9．竣工验收阶段

竣工验收阶段是指当工程项目全部完成，符合设计要求，并具备竣工图表、竣工决算、工程总结等必要文件资料时，项目主管部门或建设单位向负责验收的单位提出竣工验收申请报告。

竣工验收合格后，工程项目方可投入使用。竣工验收是投资成果转入生产或服务的标志，对促进工程项目及进行投产、发挥投资效益及总结建设经验都具有重要意义。其主要作用是对拟建项目进行初步说明，论述其建设的必要性、条件的可行性和获利的可能性，供基本建设管理部门选择并确定是否进行下一步工作。

10.1.2 施工图的组成及作用

1．施工图的组成

（1）建筑施工图，简称建施。

（2）结构施工图,简称结施。

（3）给水排水施工图,简称水施。

（4）电气施工图,简称电施。

（5）暖通施工图,简称暖施。

2.施工图的作用

俗话说"蓝图是工程师的语言",施工图是表示工程项目总体布局,建筑物、构筑物的外部形状、内部布置、结构构造、内外装修、材料做法以及设备、施工等要求的图样。施工图具有图纸齐全、表达准确、要求具体的特点,是进行工程施工、编制施工图预算和施工组织设计的依据,也是进行技术管理的重要技术文件。

10.1.3   建筑施工图的内容

建筑施工图是用来表示房屋的规划位置、外部造型、内部布置、内外装修、细部构造、固定设施及施工要求等的图纸。它包括建筑设计说明、门窗表、总平面图、平面图、立面图、剖面图和详图。

10.1.4   标准图与标准图集

为了加快设计和施工速度,提高设计与施工质量,把建筑工程中常用的、大量性的构件、配件按统一模数、不同规格设计出系列施工图,供设计部门、施工企业选用,这样的图称为标准图。标准图装订成册后,就称为标准图集或通用图集。

标准图集的适用范围为:经国家各部委批准的,可在全国范围内使用;经各省、市、自治区有关部门批准的,一般可在相应地区范围内使用。

标准图集有两种,一种是标准设计图集;另一种是大量使用的建筑构配件标准图集。建筑构件图集以代号"G"表示,建筑配件图集以代号"J"表示。例如《住宅建筑构造(11J930)》,《民用建筑工程室内施工图设计深度图样(06SJ803)》,如图 10-1 所示。

图 10-1   图集示意图

标准图集推动国家工业化、产业化的发展,推动新技术、新产品的使用,保证工程设计的质量,指导施工人员按图施工的作用。

10.1.5 施工图文件目录

施工图文件目录包含建设单位、工程名称、设计阶段、专业、出图日期、图纸名称、图纸内容、图纸编号等,如表 10-1 所示。

表 10-1　图纸目录

某某建筑设计有限公司图纸目录								
建设单位				设计阶段		施工图		
工程名称				专业		建筑		
序号	图名	图号	图幅	序号	图名		图号	图幅
1	建筑说明(一)	建施 01	A2	8	四层平面图		建施 06	A2
2	建筑说明(二)	建施 01	A2	9	屋顶平面图		建施 07	A2
3	建筑做法(一)	建施 02	A2	10	①~⑨轴立面图		建施 08	A2
4	建筑做法(二)	建施 02	A2	11	⑨~①轴立面图		建施 08	A2
5	一层平面图	建施 03	A2	12	1—1 剖面图		建施 09	A2
6	二层平面图	建施 04	A2	13	2—2 剖面图		建施 09	A2
7	三层平面图	建施 05	A2	14	节点大样图		建施 10	A2

10.1.6 建筑设计说明

1. 工程概况

(1)建设单位;(2)工程名称;(3)建设地点;(4)主要技术经济指标:工程占地面积、建筑面积、建筑高度、相对标高和绝对标高(海拔高程)、抗震等级、使用年限等。

2. 设计依据

(1)经当地城乡规划部门批复的建筑方案;(2)建设单位委托设计院的设计合同;(3)建设单位提供的用地范围地形图及规划、消防的有关要求;(4)国家现行的有关安全、防火、卫生、环保等规范、标准、规程和强制性条文。

3. 通用要求

构造、尺度等的常规做法。

4. 主要做法

(1)墙体工程;(2)门窗工程;(3)防水工程;(4)室内装修;(5)室外装修;(6)油漆工程;(7)安全防护;(8)消防工程;(9)室外工程;(10)节能及环保设计。

5. 门窗表

门窗表包含：门窗编号、洞口尺寸、门窗数量、图集编号或详图等内容，如表 10-2 所示。

表 10-2　门窗表

门窗编号	洞口尺寸/mm	数量	图集编号	备注
LC-1	1500×1600	12	2010 浙 J7	
LC-2	1800×1600	16	2010 浙 J7	
LC-3	2100×1600	10	2010 浙 J7	
LM-1	900×2100	20	2010 浙 J7	
LM-2	800×2100	6	2010 浙 J7	
LM-3	2400×2100	6	2010 浙 J7	

10.1.7　施工图中常用的符号

1. 定位轴线

定位轴线是用以确定主要结构位置的线，如确定建筑的开间或柱距，进深或跨度的线。用于平面时，称平面定位轴线（即定位轴线）。用于竖向时，称竖向定位轴线。定位轴线之间的距离，应符合模数数列的规定。

（1）定位轴线。

定位轴线一般应编号，编号应注写在轴线端部的圆内。圆应用细实线绘制，直径为 8～10 mm。定位轴线圆的圆心，应在定位轴线的延长线上或延长线的折线上，横轴圆内采用阿拉伯数字，从左向右依次编写；纵轴圆内用大写字母，从下至上依次编写，其中 I、O、Z 不得使用，防止同 1、0、2 混淆，如图 10-2 所示。

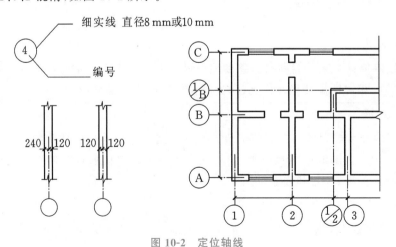

图 10-2　定位轴线

（2）附加定位轴线。

附加定位轴线的编号,应以分数形式表示,两根轴线间的附加轴线,应以分母表示前一轴线的编号,分子表示附加轴线的编号,编号宜用阿拉伯数字顺序编写,如图 10-3 所示。

表示2号轴线以后附加的第一根轴线

表示C号轴线以后附加的第三根轴线

图 10-3   附加定位轴线

2. 尺寸、标高

（1）尺寸单位:施工图纸中除标高和总平面图外均以 mm 为尺寸单位;标高和总平面图以 m 为单位,一般只标数字不标单位。

（2）标高的定义:标高表示建筑物各部分的高度,分绝对标高和相对标高。（见图 10-4）

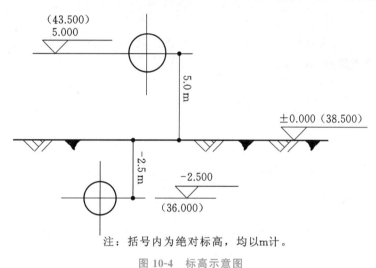

注:括号内为绝对标高,均以m计。

图 10-4   标高示意图

绝对标高:我国把黄海平均海平面定为绝对标高的零点,其他各地标高以此为基准。任何一地点相对于黄海的平均海平面的高差,我们就称它为绝对标高。这个标准仅适用于中国境内。

相对标高:相对标高是指一栋建筑物室内首层地面标高以零为基点,写作"±0.000",读作"正负零点零零零"。高于它的为正,一般不标注"+"符号,低于它的为负,标注"-"符号。在图纸总说明中应说明相对标高与绝对标高的关系。例如±0.000＝42.350,即室内地面±0.000 相当于绝对标高 42.350 米。

3. 索引符号与详图符号

（1）索引符号:索引符号的圆和引出线均应以细实线绘制,圆直径为 8～10 mm,如图10-5 所示。

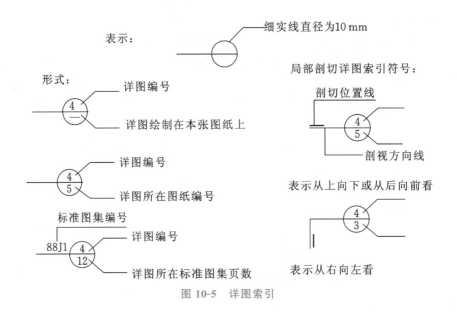

图 10-5　详图索引

（2）详图符号：对建筑的细部或构配件，用较大的比例将其形状、大小、材料和做法按正投影图的画法详细地表示出来。（见图 10-6）

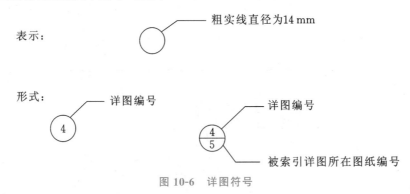

图 10-6　详图符号

4. 建筑标高与结构标高

建筑标高与结构标高如图 10-7 所示。

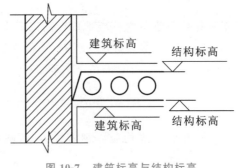

图 10-7　建筑标高与结构标高

10.2　建筑总平面图

建筑总平面图又称场地总平面图,主要表示整个建筑基地的总体布局,具体表达新建房屋的位置、朝向以及周围环境(原有建筑、交通道路、绿化、地形等)基本情况的图样。总图中用一条粗虚线来表示用地红线,所有新建拟建房屋不得超出此红线并满足消防、日照等规范。总图中的建筑密度、容积率、绿地率、建筑占地、停车位、道路布置等应满足设计规范和当地规划局提供的设计要点。

10.2.1　总平面图的形成和用途

建筑总平面图概述　建筑总平面图

1. 总平面图的形成

总平面图是将新建工程周边一定范围内的新建建筑物、构筑物及其自然状况,用水平投影方法和相应的图例画出的图样。主要是表示新建房屋的位置、朝向,与原有建筑物的关系,周围道路、绿化布置及地形地貌等内容。

2. 总平面图的用途

总平面图是新建房屋施工定位、土方施工,绘制给排水、强弱电、暖通等管线总平面图和施工放线、布置施工现场的依据。

总平面图的比例一般为 1∶500、1∶1000、1∶2000 等。

10.2.2　总平面图的图示内容

1. 新建建筑的定位

新建建筑的定位有三种方式:一是利用新建建筑与原有建筑或道路中心线的距离确定新建建筑的位置;二是利用施工坐标确定新建建筑的位置;三是根据建筑物坐标控制点进行定位,目前大多采用这种方法。定位坐标示意图如图 10-8 所示。

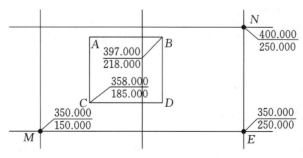

图 10-8　定位坐标示意图

2．新建建筑物的表示方法

拟建房屋,用粗实线框表示,并在线框内用数字表示建筑层数。例如:"20F"表示新建建筑物是20层,例如"11F＋1F"表示建筑物主体11层加一层地下室或一层坡屋顶层。

3．新建建筑物的室内外标高

我国把青岛市外的黄海海平面作为零点所测定的高度尺寸,称为绝对标高(又称之为黄海高程)。在总平面图中,用绝对标高表示高度数值,单位以 m 计。根据绝对标高和周边环境,确定建筑物首层地面标高为相对标高零基点,用"±0.000"表示。

4．原有建筑、拆除建筑的位置或范围

原有建筑用细实线框表示,并在框内用数字表示建筑层数。拆除建筑物用细实线框表示,并在该细实线上打叉。

5．指北针和风向玫瑰图

总平面图上的指北针或风向频率玫瑰图是表明建筑物和建筑群的朝向和风向的关系。风向频率玫瑰图简称"风玫瑰图",表示常年(实线)和夏季(虚线)的风向玫瑰,图中最高频率风向称"主导风向"。指北针、风向频率玫瑰图如图10-9所示。

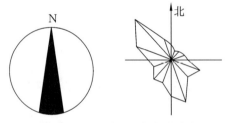

图10-9　指北针和风向频率玫瑰图

6．道路、景观绿化

道路应满足车行和人行要求,实现人车分流。在总平面图中要表示道路位置、走向,与城市市政道路、新建建筑物之间的联系,景观绿化与步行道路、广场的位置及联系。

7．建筑红线、建筑间距

建筑红线也称"建筑控制线",指城市规划管理中,控制城市道路两侧沿街建筑物或构筑物(如外墙、台阶等)靠临街面的界线。任何临街建筑物或构筑物不得超过建筑红线。

建筑红线一般由道路红线和建筑控制线组成,一般地,建筑红线都要退道路红线若干距离,在建筑红线以外不允许建任何建筑物或构筑物,在总平面图中要标出建筑物距道路红线尺寸。(见图10-10用地红线图)

建筑间距是指两栋建筑物外墙之间的水平距离,在总平面图中标注每栋建筑物之间的距离。

8．消防及消防登高面

在总平面图中标注消火栓的位置,标注每一栋建筑物消防登高面的位置及尺寸,消防通道和小区道路相连。

10.2.3　总平面图图例符号

要熟练识读建筑总平面图,就必须熟悉常用的建筑总平面图图例符号。依据规范《房屋建筑制图统一标准》(GB/T 50001—2017),常用的图例符号如图10-11所示。

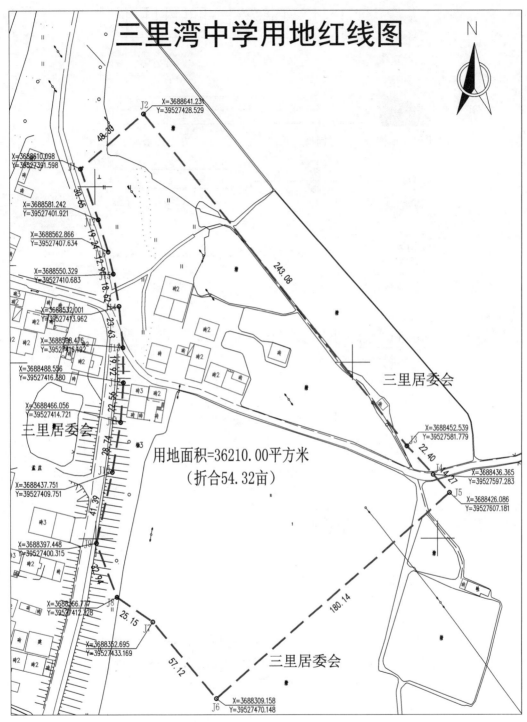

图 10-10 用地红线图

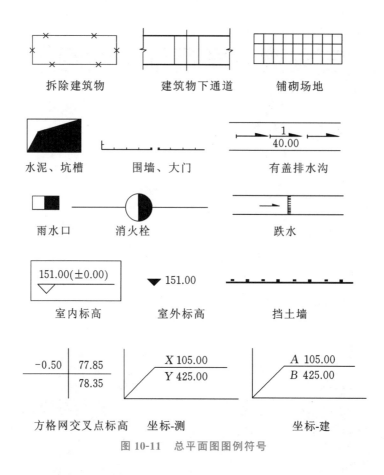

拆除建筑物　　　　建筑物下通道　　　　铺砌场地

水泥、坑槽　　　围墙、大门　　　　有盖排水沟

雨水口　　消火栓　　　　跌水

151.00(±0.00)　　▼ 151.00　　　挡土墙

室内标高　　　　室外标高　　　　挡土墙

-0.50 77.85 78.35　　　X 105.00 Y 425.00　　　A 105.00 B 425.00

方格网交叉点标高　　坐标-测　　　　坐标-建

图 10-11　总平面图图例符号

10.3　建筑平面图

10.3.1　建筑平面图的形成及作用

1. 建筑平面图的形成

建筑平面图是建筑施工图的基本样图,它是假想用一水平的剖切面沿门窗洞位置将房屋剖切后,对剖切面以下部分所作的水平投影图。它反映出房屋的平面形状、大小和布置;墙、柱的位置、尺寸和材料;门窗的类型和位置等。(见图 10-12)

2. 建筑平面图的作用

建筑平面图的作用:主要反映房屋的平面形状、大小和房间布置,墙(或柱)的位置、厚度和材料,门窗的位置、开启方向等。建筑平面图可作为施工放线,砌筑墙、柱,门窗安装和室内装修及编制预算的重要依据。

10.3.2 建筑平面图的内容和有关规定

1. 平面图的内容

（1）在平面图下侧注写图名和绘图比例，平面图常用 1：50、1：100、1：200 的比例绘制。

（2）纵横定位轴线及编号。横向定位轴线从左至右用①、②、③……编号表示；纵向定位轴线从下至上用Ⓐ、Ⓑ、Ⓒ……编号表示。

（3）尺寸标注。在水平方向和竖直方向各标注三道尺寸线。最外一道尺寸标注房屋的总长或总宽；中间一道尺寸标注房屋的开间、进深，称为轴线尺寸；最内侧一道尺寸线，标注墙厚与轴线的关系、柱子截面、门窗洞口、门垛等细部尺寸。平面图中应标注不同楼地面房间的高度及室外地坪的标高。（见图10-13、图10-14）

（4）房间的布置、用途及交通联系。在每个房间内应注明房间的用途。

（5）门窗的布置、数量及型号。在平面图中标注门窗的编号、尺寸，在门窗表中标明门窗的编号、洞口尺寸、数量和图集编号，特殊型号门窗还应画出节点大样图。

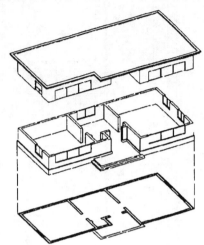

图10-12 建筑平面图的形成示意图

（6）在底层平面图中注明剖面图的剖切位置和投影方向；需用详图表达的部位，标注索引符号并注出编号；凡套用标准图集的节点大样，应标出详图索引图集编号。

（7）指北针。一般在底层平面图的右上角画出指北针符号，以表明房屋的朝向。

（8）底层平面图应标注室外台阶、坡道、花池、散水坡的位置及细部尺寸。

（9）在底层平面图中应标注室外设计地面标高，±0.000 位置及其他需要标注的标高。

2. 平面图有关规定

（1）底层平面图又称一层平面图或首层平面图。底层平面是将剖切平面选定在略高于一层窗台位置，且要尽量通过该层上所有的门窗洞。

（2）中间标准层平面，由于房屋内部平面布置的差异，对于多高层建筑而言，应该有一层就画一个平面图。例如"二层平面图"或"四层平面图"等。但在实际的建筑设计过程中，多层建筑往往存在许多相同或相近平面布置形式的楼层，因此在实际绘图时，可将这些相同或相近的楼层合用一张平面图来表示。这张合用的图，就叫作标准层平面图，有时也可以用其对应的楼层命名，如图10-15、图10-16所示。

（3）屋顶平面图。从女儿墙上面垂直投影下来所获得的投影图，表明屋面排水情况，画出突出屋面构造的位置。（见图10-17、图10-18）

（4）其他平面图，除了上面所讲的平面图外，建筑平面图还应包括一些局部平面图，如屋顶机房平面图。

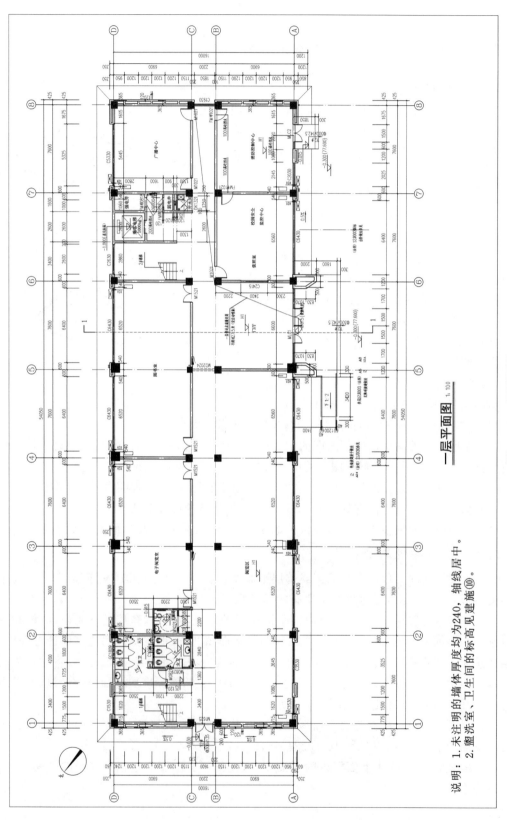

一层平面图 1:100

图10-13　一层平面图

说明：1. 未注明的墙体厚度均为240，轴线居中。
2. 盥洗室、卫生间的标高建施⑩。

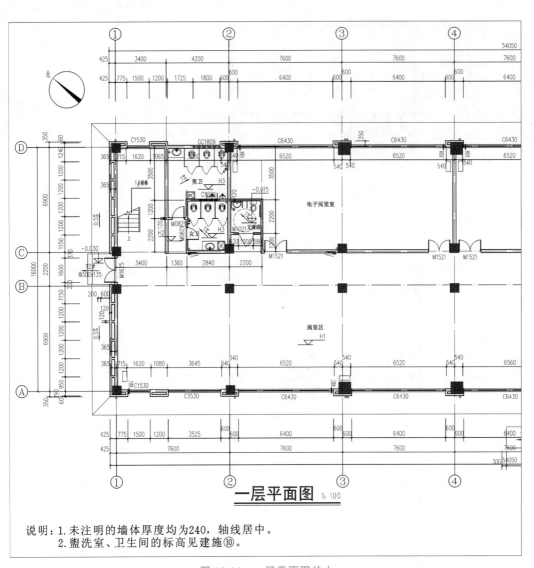

一层平面图 1:100

说明：1.未注明的墙体厚度均为240，轴线居中。
　　　2.盥洗室、卫生间的标高见建施⑩。

图 10-14　一层平面图放大

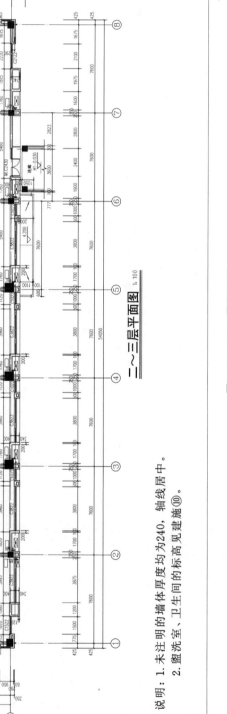

二~三层平面图 1:100

图10-15 二~三层平面图

说明：1. 未注明的墙体厚度均为240，轴线居中。

2. 盥洗室、卫生间的标高见建施⑩。

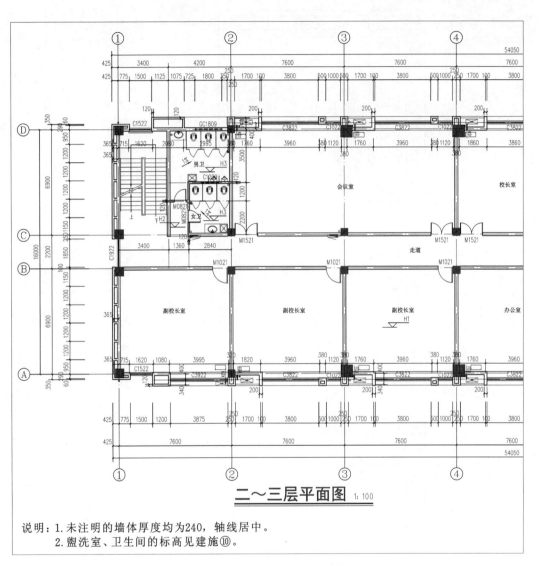

二～三层平面图 1:100

说明：1. 未注明的墙体厚度均为240，轴线居中。
　　　2. 盥洗室、卫生间的标高见建施⑩。

图 10-16　二～三层平面图放大

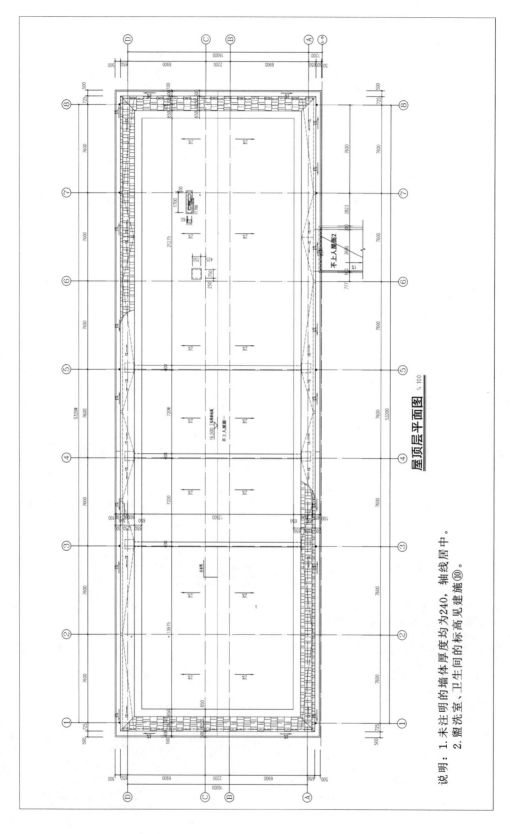

屋顶层平面图 1:100

图10-17 屋顶层平面图

说明：1. 未注明的墙体厚度均为240，轴线居中。
2. 盥洗室、卫生间的标高见建施⑩。

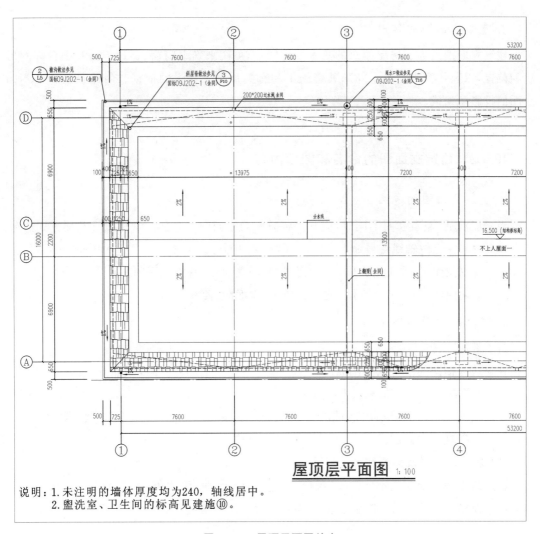

说明：1. 未注明的墙体厚度均为240，轴线居中。
　　　2. 盥洗室、卫生间的标高见建施⑩。

图 10-18　屋顶平面图放大

10.4　建筑立面图

10.4.1　建筑立面图的形成及作用

1. 建筑立面图的形成

建筑立面图是在与房屋立面平行的投影面上所作的房屋正投影图，称作建筑立面图，简称立面图，如图 10-19 所示。

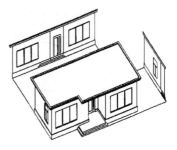

图 10-19　建筑立面图的形成示意图

2.建筑立面图的作用

建筑立面图是表达房屋建筑的基本图样之一,可用来确定门窗、檐口、雨棚、阳台等的形状和位置,以及作为指导房屋外部装修施工和有关预算工程量的依据。由建筑物各个不同立面的投影所组成。

10.4.2 建筑立面图的命名和图示内容

1.建筑立面图的命名

当房屋前后、左右立面不同时,应画出各方向的立面图。立面图常用以下几种方式命名。

(1) 按两端定位轴线编号命名,如①~⑧、Ⓐ~Ⓓ 等。

(2) 按方位命名,如正立面图、背立面图、左侧立面图、右侧立面图。

(3) 按朝向命名,如南立面图、北立面图、东立面图、西立面图。

2.建筑立面图的图示内容

(1) 图名、比例。

在建筑立面图的下方注写图名和比例。如①~⑤立面图 1∶100 或正立面图 1∶100。

(2) 建筑物两端的定位轴线及其编号。

建筑立面图中一般只画出两端的定位轴线及其编号,以便与平面图对照。如图 10-20 所示Ⓓ轴~Ⓐ轴正立面图。

(3) 房屋的外形及建筑细部的形式和位置。

在建筑立面图中要表示出门窗、屋顶、雨篷、阳台、台阶、雨水管、水斗等细部结构的形状和做法以及室外地坪线、房屋的勒脚、外部装饰及墙面分格线,如图 10-21 所示。

(4) 各部位的标高。

立面图上各部位的高度主要用标高表示。立面图中注出室外地坪、底层室内地面、门窗洞口、阳台、檐口、雨篷、房屋的最高顶面的标高。

(5) 注写有关的符号及文字。

立面图中表达不清楚的部分应做详图,在需画详图的部位要注出详图索引符号。外墙面的材料及做法一般用文字说明。从图中的文字说明可知该立面的装修材料。

(6) 尺寸标注。

沿建筑立面高度方向标注三道尺寸线,最里面一道标注室内外高差、窗台高度、窗高、窗顶至楼层高度、女儿墙高度等;中间一道尺寸线标注室内外高差、层高、女儿墙高度等;最外边一道尺寸线标注建筑物总高度。(见图 10-20)

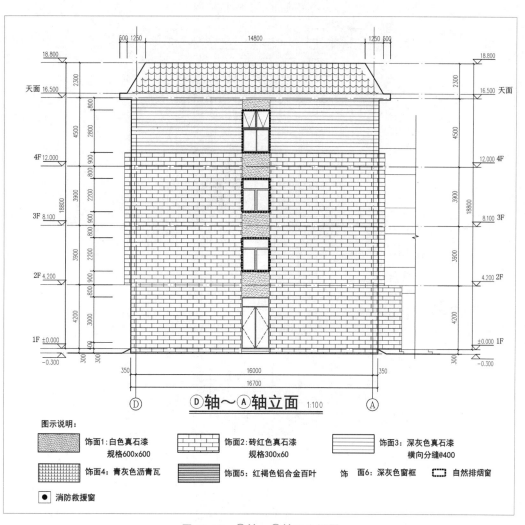

图示说明：

饰面1：白色真石漆
规格600×600

饰面2：砖红色真石漆
规格300×60

饰面3：深灰色真石漆
横向分缝@400

饰面4：青灰色沥青瓦

饰面5：红褐色铝合金百叶

饰　面6：深灰色窗框

自然排烟窗

消防救援窗

图 10-20　Ⓓ轴～Ⓐ轴正立面图

图10-21 ⑧轴～①轴立面图

10.5　建筑剖面图

1.建筑剖面图的形成

假想用一个或两个铅垂的剖切平面把房屋切开后所得到的视图称为建筑剖面图,简称剖面图。剖切面应根据图纸的用途或设计深度,在底层平面图上选择能反映全貌、构造特征以及有代表性的部位,如楼梯间等,并应尽量通过门窗洞口。(见图10-22)

2.建筑剖面图的作用

建筑剖面图主要用于反映房屋内部在高度方面的情况,如屋顶的形式、楼房的层次、房间和门窗各部分的高度、楼板的厚度等。同时也可以表示出房屋所采用的结构形式。

建筑剖面图的剖切平面的位置一般选择在建筑内部做法有代表性和空间变化比较复杂的部位。多层建筑一般使剖切平面通过楼梯间,复杂的建筑物往往需要画出几个不同位置的剖面图。

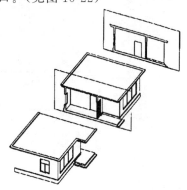

图10-22　建筑剖面图的形成示意图

3.建筑剖面图的识读

(1)1—1剖面图是按首层平面图中剖切位置绘制的全剖面图,剖面图的比例是1∶100,如图10-23所示。

(2)内外地坪线画加粗实线,地坪线以下部分不画,剖切到的墙体用两条粗实线表示,不画图例,表示用砖砌成。剖切到的楼面、屋面、梁、阳台和女儿墙压顶均涂黑,表示其材料为钢筋混凝土。

(3)由图10-23可知,该建筑共分8层。该图明确表示出每层楼梯、台阶的踏步数及梯段高度,平台板标高;表示出门窗洞口的竖向定位、尺寸,以及洞口与墙体或其他构件的竖向关系;表示出地面、各层楼面、屋面的标高及它们之间的关系。

(4)剖面图尺寸线有三道,最外侧一道尺寸标明建筑物主体建筑的总高度,中间一道尺寸标明各楼层高度,最内侧一道尺寸标明剖切位置的门窗洞口、墙体的竖向尺寸。该建筑总高度为24.500 m,一层、二层、三层、四层、五层、六层、七层层高均为3000 mm。Ⓐ～Ⓕ轴线间尺寸为17 400 mm。(见图10-23)

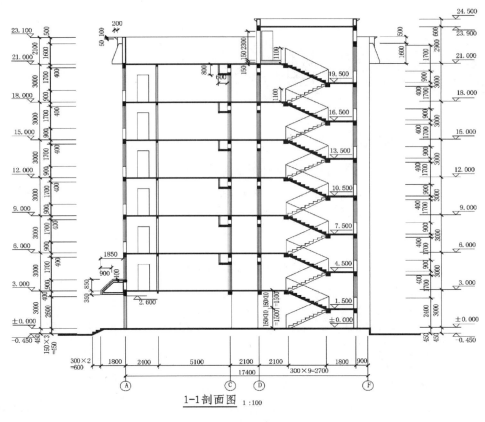

图 10-23　1—1 剖面图

10.6 建筑详图

10.6.1　建筑详图的定义及范围

1. 建筑详图的定义

建筑平面图、立面图、剖面图是房屋建筑施工的主要图样,它们已将房屋的整体形状、结构、尺寸等表示清楚了,但是由于画图的比例较小,许多局部的详细构造、尺寸、做法及施工要求图上都无法注写、画出。为了满足施工需要,房屋的某些部位必须绘制较大比例的图样才能清楚地表达。这种对建筑的细部或构配件,用较大的比例将其形状、大小、材料和做法,按正投影图的画法,详细地表示出来的图样,称为建筑详图,简称详图。

2. 建筑详图的范围

建筑详图包括:

(1) 表示局部构造的详图,如外墙身详图、楼梯详图、阳台详图等。

（2）表示房屋设备的详图，如卫生间、厨房、实验室内设备的位置及构造等。

（3）表示房屋特殊装修部位的详图，如吊顶、花饰等。

10.6.2　建筑详图的特点及作用

1. 建筑详图的特点

（1）比例大，通常采用 1∶50、1∶20、1∶10、1∶5、1∶2 几种比例。

（2）图示内容详尽清楚。

（3）尺寸标注齐全、文字说明详尽。（见图 10-24）

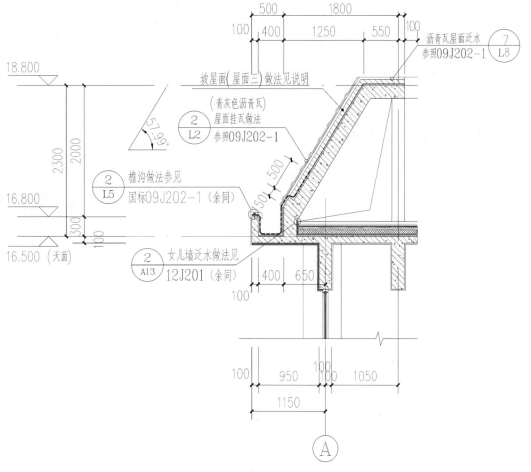

图 10-24　节点大样图

2. 建筑详图的作用

建筑详图是建筑细部的施工图，是对建筑平面、立面、剖面图等图样的深化和补充，是建筑工程细部施工、建筑构配件制作及编制预算的依据。

10.6.3　建筑详图的主要内容及图集标注

1. 建筑详图的主要内容

(1) 图名(或详图符号)、比例。

(2) 表达出构配件各局部的构造连接方法及相对位置关系。

(3) 表达出各部位、各细部的详细尺寸。

(4) 详细表达构配件或节点所用的各种材料及其规格。

(5) 有关施工要求、构造层次及制作方法说明等。

2. 其他详图标注

对于套用标准图或通用图集的建筑构配件和建筑细部,只要注明所套用图集的名称,详图所在的页数和编号,不必再画详图。建筑详图中凡是需要再绘制详图的部位,同样要画上索引符号。另外,建筑详图还应把有关的用料、做法和技术要求等用文字说明。

10.6.4　建筑详图阅读方法

(1) 查看详图名称、比例、定位轴线及其编号。

(2) 查看建筑构配件的形状及与其他构配件的详细构造、层次、有关的详细尺寸和材料图例等。

(3) 查看各部位和各层次的用料、做法、颜色及施工要求等。

(4) 查看标注的标高等。

10.6.5　外墙剖面详图

墙身剖面详图也叫墙身大样图,是建筑剖面图的墙身部位的局部放大图。它主要表达墙身与地面、楼面、屋面的构造连接情况以及檐口、门窗顶、窗台、勒脚、防潮层、散水、明沟的尺寸、材料、做法等构造情况,是砌墙、室内外装修、门窗安装、编制施工预算以及材料估算等的重要依据。有时在外墙详图上引出分层构造,注明楼地面、屋顶等的构造情况,在建筑剖面图中可省略不标。

外墙剖面详图往往在窗洞口断开,因此在门窗洞口处出现双折断线,该部位图形高度变小,但标注的窗洞竖向尺寸不变。在多层房屋中,若各层的构造情况一样时,可只画墙脚、檐口和中间层(含门窗洞口)三个节点,按上下位置整体排列,有时墙身详图不以整体形式布置,而把各个节点详图分别单独绘制,也称为墙身节点详图。

1. 墙身详图的图示内容

墙身详图的图示内容如下。

（1）墙身的定位轴线及编号，墙体的厚度、材料及其本身与轴线的关系。

（2）勒脚、散水节点构造。主要反映墙身防潮做法、首层地面构造、室内外高差、散水做法，一层窗台标高等。

（3）标准层楼层节点构造。主要反映标准层梁、板等构件的位置及其与墙体的联系，构件表面抹灰、装饰等内容。

（4）檐口部位节点构造。主要反映檐口部位包括封檐构造（如女儿墙或挑檐）、圈梁、过梁、屋顶泛水构造、屋面保温、防水做法和屋面板等结构构件。

（5）图中的详图索引符号等。

2. 墙身详图的阅读举例

（1）如图10-25所示，墙身大样图比例1：50，该墙体为A轴外墙、厚度250 mm。

（2）室内外高差为0.3 m，墙身防潮采用20 mm厚防水砂浆，设置于首层地面垫层与面层交接处。一层为落地窗，窗台标高为±0.000，二层窗台高0.9 m。首层地面做法从上至下依次为20厚1：2水泥砂浆面层，20厚防水砂浆一道，60厚混凝土垫层，素土夯实。

（3）一层层高4.2 m，二层层高3.9 m，四层层高4.5 m，檐口高2.3 m。

（4）雨棚构造尺寸及做法、檐口构造尺寸及做法详见图10-25。

10.6.6　楼梯详图

楼梯详图上画出了楼梯平面图、楼梯剖面图，某些细部仍未表达清楚的地方，还应针对这些局部进一步画出局部详图。

1. 楼梯平面大样图

楼梯平面大样图是楼梯间局部放大图。通常画出底层平面大样图，中间层平面大样图和顶层平面大样图。各层平面大样图的剖切位置如图10-26所示，比例1：50。

2. 楼梯平面大样图的表示方法

（1）比例：楼梯平面大样图的比例通常采用1：50。

（2）线型：剖切到的墙体线用粗实线，踏步的投影线用细实线，被切断的梯段的投影线用与墙面倾斜约30°的细折断线表示。

（3）定位轴线：标注出与楼梯间相对应的位置处的定位轴线即可。

（4）尺寸标注：在各层要标注楼梯间的开间和进深尺寸、梯段的长度和宽度、踏步面数和宽度、休息平台及其他细部尺寸等。梯段的长度要标注水平投影长度，通常用踏步面数乘以踏步宽度表示，如图10-26所示。另外还应标注出各层楼地面、休息平台的标高。

（5）图例：在一层楼梯平面大样图中标注出剖切符号。

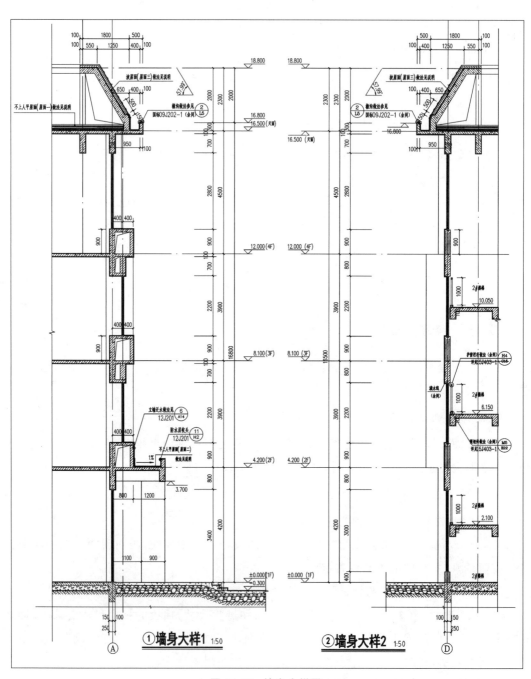

图 10-25　墙身大样图

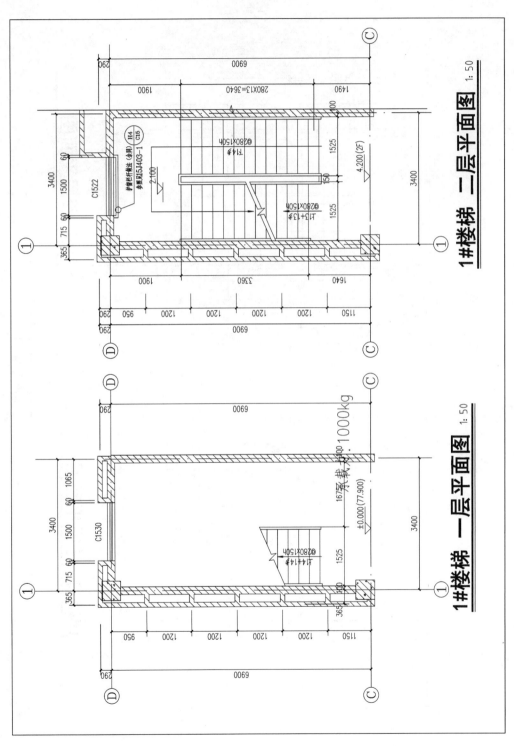

图10-26　楼梯平面大样图

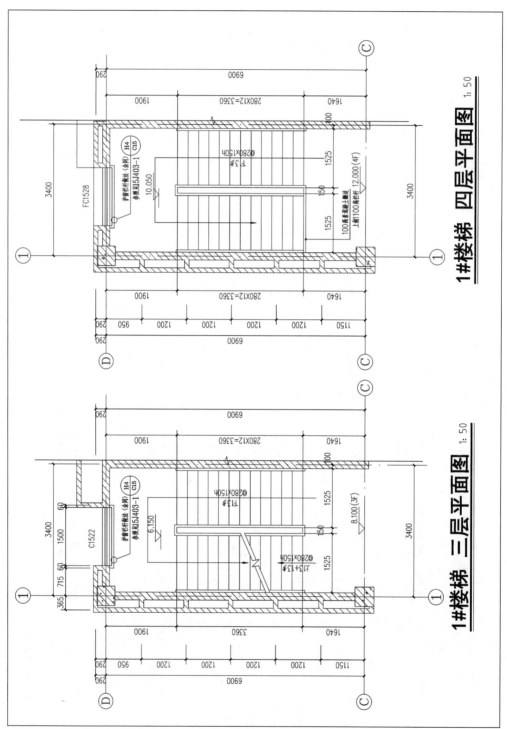

续图10-26

10.6.7 楼梯剖面大样图

楼梯剖面大样图是楼梯垂直剖面图的简称,其剖切位置应通过各层的一个梯段和门窗洞口,向另一未剖到的梯段方向投影所得到的剖面图。

1. 楼梯剖面大样图

楼梯剖面大样图主要表达楼梯的梯段数、踏步数、类型及结构形式,表示各梯段、平台、栏杆等的构造及它们的相互关系。(见图 10-27)

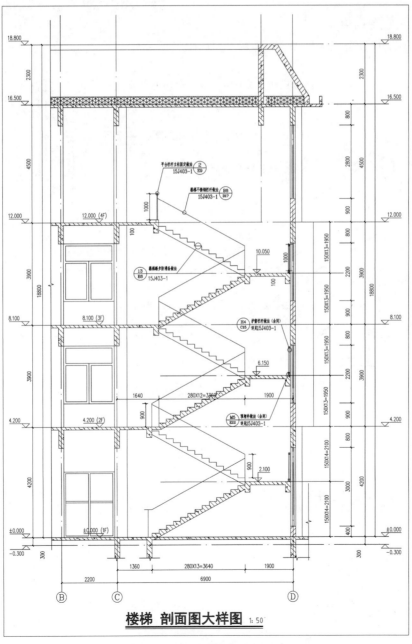

楼梯 剖面图大样图 1:50

图 10-27 楼梯剖面大样图

楼梯剖面图的表示方法,如图 10-27 所示。

(1) 比例:通常采用 1：50。

(2) 线型:剖切到的墙体线用粗实线,踏步的投影线用细实线。

(3) 定位轴线:标注出与楼梯间相对应的位置处的定位轴线,如图 10-27Ⓑ～Ⓓ距离是 9100 mm。

(4) 尺寸标注。

① 楼梯踏步高度 150 mm,宽度 280 mm。

② 室内外高差 0.3 m,一层层高 4.2 m,一层休息平台标高 2.1 m。

(5) 图 10-27 为双折楼梯,每个梯段 14 级,扶手高度 900 mm。

2. 楼梯节点详图

楼梯踏步、栏杆节点大样图,如图 10-28 所示。

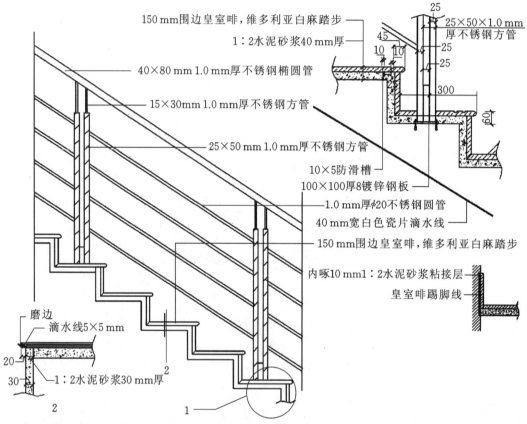

注：楼梯间轻钢龙骨包柱外封仓松板,电梯前厅墙面风机洞口5 cm宽1：2水泥砂浆零星抹灰,楼梯间楼层指示洞口,风口洞口5 cm 1：2水泥砂浆零星抹灰,具体尺寸现场消防门门框50 mm宽1：2水泥砂浆抹灰。

图 10-28 楼梯节点大样图

3. 其他节点大样图

卫生间大样图见图 10-29。

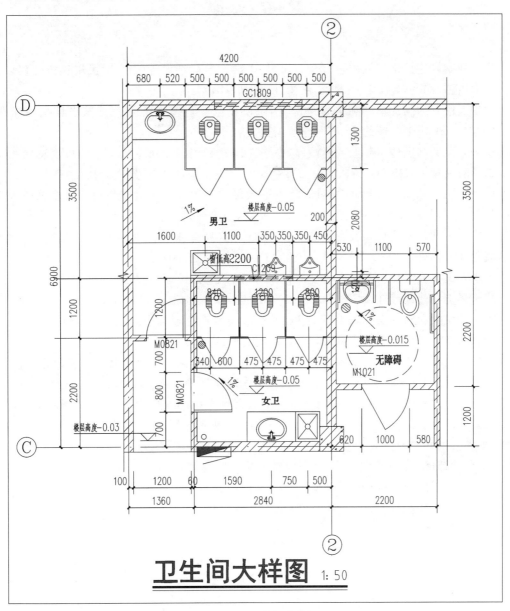

图 10-29 卫生间大样图

参 考 文 献

[1] 住房和城乡建设部工程质量安全监管司,中国建筑标准设计院.全国民用建筑工程设计技术措施(2009年版)[S].北京:中国计划出版社,2010.

[2] 中华人民共和国住房和城乡建设部,国家市场监督管理总局.民用建筑设计统一标准:GB 50352—2019[S].北京:中国建筑工业出版社,2019.

[3] 中华人民共和国住房和城乡建设部,中华人民共和国国家质量监督检验检疫总局.建筑设计防火规范:GB 50016—2014(2018年版)[S].北京:中国计划出版社,2018.

[4] 中华人民共和国住房和城乡建设部,中华人民共和国国家质量监督检验检疫总局.建筑模数协调标准:GB/T 50002—2013[S].北京:中国建筑工业出版社,2013.

[5] 中华人民共和国住房和城乡建设部,国家市场监督管理总局.建筑与市政工程防水通用规范:GB55030—2022[S].北京:中国建筑工业出版社,2023.

[6] 中华人民共和国住房和城乡建设部,中华人民共和国国家质量监督检验检疫总局.民用建筑热工设计规范:GB 50176—2016[S].北京:中国建筑工业出版社,2017.

[7] 中华人民共和国住房和城乡建设部,国家市场监督管理总局.民用建筑设计统一标准:GB 50352—2019[S].北京:中国建筑工业出版社,2019.

[8] 中华人民共和国住房和城乡建设部,中华人民共和国国家质量监督检验检疫总局.屋面工程技术规范:GB 50345—2012[S].北京:中国建筑工业出版社,2012.

[9] 中华人民共和国住房和城乡建设部,中华人民共和国国家质量监督检验检疫总局.建筑采光设计标准:GB 50033—2013[S].北京:中国建筑工业出版社,2013.

[10] 中华人民共和国住房和城乡建设部,中华人民共和国国家质量监督检验检疫总局.建筑抗震设计规范:GB50011—2010(2016年版)[S].北京:中国建筑工业出版社,2016.

[11] 黄云峰,刘惠芳,王强.房屋建筑学[M].武汉:武汉大学出版社,2013.

[12] 肖芳.建筑构造[M].北京:北京大学出版社,2021.